高等数学（经管类）学习指导

主　编　周　玮　刘玉菡　王　栋
副主编　于秀萍　张彭飞　陈允峰

北京理工大学出版社
BEIJING INSTITUTE OF TECHNOLOGY PRESS

内 容 简 介

本书共 8 章. 内容包括函数、极限与连续学习指导，导数与微分学习指导，导数的应用学习指导，积分及其应用学习指导，多元函数微分学习指导，常微分方程学习指导，行列式与矩阵学习指导，线性方程组与线性规划学习指导. 每章都按照教学要求、学习要求、典型例题分析、复习题、复习题答案、自测题、自测题答案 7 部分内容编写. 本书还根据近几年专升本试题编写了经济类各专业的模拟试题及参考答案.

本书特别注重培养学生应用数学的意识，注重数学的应用能力，数学与经济专业的有机结合. 本书可与北京理工大学出版社出版的《高等数学（经管类）》教材配套使用，也可作为经济类专业的数学基础课程的学习辅导用书，也是经济类专业专升本的重要参考书.

图书在版编目（CIP）数据

高等数学（经管类）学习指导 / 周玮，刘玉菡，王栋主编. —北京：北京理工大学出版社，2019.9（2021.8重印）
　ISBN 978-7-5682-7655-9

Ⅰ. ①高… Ⅱ. ①周… ②刘… ③王… Ⅲ. ①高等数学–高等学校–教学参考资料 Ⅳ. ①O13

中国版本图书馆 CIP 数据核字（2019）第 222720 号

出版发行 / 北京理工大学出版社有限责任公司
社　　址 / 北京市海淀区中关村南大街 5 号
邮　　编 / 100081
电　　话 /（010）68914775（总编室）
　　　　　（010）82562903（教材售后服务热线）
　　　　　（010）68944723（其他图书服务热线）
网　　址 / http://www.bitpress.com.cn
经　　销 / 全国各地新华书店
印　　刷 / 河北盛世彩捷印刷有限公司
开　　本 / 787 毫米×1092 毫米　1/16
印　　张 / 10.5　　　　　　　　　　　　　　　　　责任编辑 / 李玉昌
字　　数 / 250 千字　　　　　　　　　　　　　　　文案编辑 / 李玉昌
版　　次 / 2019 年 9 月第 1 版　2021 年 8 月第 3 次印刷　　责任校对 / 周瑞红
定　　价 / 32.00 元　　　　　　　　　　　　　　　责任印制 / 施胜娟

图书出现印装质量问题，请拨打售后服务热线，本社负责调换

前　言

从高职高专教育人才培养目标出发，以教育部最新制定的《高职高专教育基础课程教学基本要求》为指导，编者结合多年的教学经验以及高职教改成果编写了本书.

本书内容共 8 章，每章都包括教学要求、学习要求、典型例题分析、复习题及答案、自测题及答案等 7 项内容. 本书在编写过程中力求使教学和学习要求明确，重点突出，例题分析翔实精确，习题选题覆盖面宽且注重专业应用，自我测试难易适中.

本书具有以下特点：

1. 严格按照《高职高专教育基础课程教学基本要求》编写，遵照高职数学教学规律，以掌握概念、强化应用为重点，注重培养学生用数学解决实际问题的能力.

2. 典型例题分析涵盖了本章的基本概念、基本性质、运算及应用，某些例题不仅给出了求解的详细过程和多种解法，还给出了解题思路和解法指导，并针对高职高专这一层面学生容易产生疑惑的问题由浅入深地进行了分析说明，便于学生自学.

3. 针对高职学生的接受能力和理解程度，本书精心设计了复习题和自测题，并逐一给出了简解. 考虑到层次教学的使用，本书适当选择了一些历届"专升本"试题，如果读者在复习的基础上，在规定时间内独立完成各章的自测题，再注意复习总结，完全可以达到"专升本"对高等数学的要求.

4. 本书在编写语言上力求通俗易懂，简明扼要，富有启发性，并体现数学的应用性. 各章均设计了一定量的贴近生活、贴近实际的应用题，特别是经济管理方面的经济应用实例，以增强学生对数学的兴趣及应用意识.

参加本书编写的有济南工程职业技术学院周玮（第一、第二章），于秀萍、张彭飞（第三、第四章），刘玉菡（第五、第六章），王栋、陈允峰（第七、第八章）. 全书由周玮统稿、定稿.

限于编者水平，书中难免有不妥之处，恳请读者批评指正.

编　者

目 录

第一部分 微 积 分

第二部分 线 性 代 数

第一部分

微 积 分

第一章

函数、极限与连续学习指导

　　函数是客观世界中变量与变量之间相互依赖关系的反映，是高等数学的主要研究对象. 极限是研究微积分的重要工具，并作为重要的思想方法和研究工具，贯穿于高等数学课程的始终. 连续性是运用极限的方法揭示出来的函数的重要性质. 本章主要学习函数、极限、连续的基本概念，无穷小和无穷大，极限的运算等内容. 本章内容在全书中具有基础性的地位和作用.

一、教 学 要 求

　　1．理解函数的概念和性质，会求函数的定义域.

　　2．了解基本初等函数、初等函数和分段函数的概念.

　　3．了解反函数、复合函数的概念，会正确分析复合函数的复合过程.

　　4．理解极限的概念，掌握函数在一点处极限的定义、左右极限与函数极限的关系.

　　5．理解无穷小与无穷大的概念及其相互关系，并会对无穷小进行比较.

　　6．熟练掌握极限的四则运算法则及两个重要极限.

　　7．掌握函数连续的概念，函数在一点连续的充分必要条件，会求函数的间断点并确定其类型.

　　8．掌握闭区间上连续函数的性质、最值定理、零点定理、介值定理，并会运用介值定理推证一些简单命题.

　　9．会求连续函数和分段函数的极限.

　　10．了解经济函数及简单应用.

　　重点：函数、初等函数、复合函数的概念；极限的概念及计算；连续的概念及判断.

　　难点：复合函数的分解；极限、连续的概念及求解；应用介值定理推证简单命题.

二、学 习 要 求

　　1．熟练掌握六种基本初等函数的定义、性质及其图像.

2．复合函数的分解应注意分解顺序，"由表及里"分解到基本初等函数的形式或基本初等函数的四则运算形式．

3．深刻理解函数极限的概念，强调函数在某点是否有极限与函数在该点是否有定义无关．

4．熟练掌握函数极限的各种求法．

5．判断函数在某一点连续时，必须满足连续的三个条件，对于分段函数需考虑左右极限．

6．判断间断点的类型，主要依据该点的左右极限是否存在．

三、典型例题分析

（一）函数的概念及性质

【例1】 求下列函数的定义域：

（1） $y = \dfrac{1}{x^2 - 1} + \arccos x + \sqrt{x}$ ；

（2） $y = \ln \cos x$ ；

（3） $y = \sqrt{5 - x} + \lg(x - 1)$ ；

（4） $y = \arcsin(x - 1) + \dfrac{1}{\sqrt{1 - x^2}}$ ．

【解】 （1）要使函数有意义，x 应满足

$$\begin{cases} x^2 - 1 \neq 0 \\ |x| \leq 1 \\ x \geq 0 \end{cases} \quad \text{即} \quad \begin{cases} x \neq \pm 1 \\ -1 \leq x \leq 1 \\ x \geq 0 \end{cases}$$

所以，$0 \leq x < 1$，故函数的定义域为 $[0, 1)$．

（2）要使函数有意义，x 应满足

$$\cos x > 0$$

所以，$-\dfrac{\pi}{2} + 2k\pi < x < \dfrac{\pi}{2} + 2k\pi \, (k \in \mathbf{Z})$，故函数的定义域为

$$\left(-\dfrac{\pi}{2} + 2k\pi, \dfrac{\pi}{2} + 2k\pi \right) \quad (k \in \mathbf{Z})$$

（3）要使函数有意义，x 应满足

$$\begin{cases} 5 - x \geq 0 \\ x - 1 > 0 \end{cases}, \quad \text{即} \quad \begin{cases} x \leq 5 \\ x > 1 \end{cases}$$

所以，$1 < x \leq 5$，故函数的定义域为 $(1, 5]$．

（4）要使函数有意义，x 应满足

$$\begin{cases} |x - 1| \leq 1 \\ 1 - x^2 > 0 \end{cases}, \quad \text{即} \quad \begin{cases} 0 \leq x \leq 2 \\ -1 < x < 1 \end{cases}$$

所以，$0 \leq x < 1$，故函数的定义域为 $[0, 1)$．

说明： 求函数的定义域时应注意以下几点：

（1）若函数的表达式中含有分式，则分式的分母不能为零.

（2）若函数的表达式中含有偶次方根，则根式下的表达式必须非负.

（3）若函数的表达式中含有对数，则真数必须大于零.

（4）若函数的表达式中含有 $\arcsin \varphi(x)$ 或 $\arccos \varphi(x)$，则必须满足 $|\varphi(x)| \leqslant 1$.

（5）分段函数的定义域是各个部分自变量的取值范围之并集.

（6）若函数式是由几个函数经过四则运算构成的，其定义域是各个函数的定义域的公共部分.

【例2】 已知 $f(x)$ 的定义域为 $[0, 1]$，求 $f(\ln x)$ 及 $f(\sin x)$ 的定义域.

【解】 因为 $f(x)$ 的定义域为 $[0, 1]$，$0 \leqslant \ln x \leqslant 1$，故 $1 \leqslant x \leqslant e$，所以 $f(\ln x)$ 的定义域为 $[1, e]$.

同理 $0 \leqslant \sin x \leqslant 1$，故

$$2k\pi \leqslant x \leqslant (2k+1)\pi \quad (k \in \mathbf{Z})$$

所以 $f(\sin x)$ 的定义域为

$$\{x \mid 2k\pi \leqslant x \leqslant (2k+1)\pi \quad (k \in \mathbf{Z})\}$$

【例3】 判断下列函数的奇偶性：

（1）$f(x) = 2^x + 2^{-x}$；　　　　　　（2）$f(x) = \ln(x + \sqrt{1+x^2})$；

（3）$f(x) = x^3 - \dfrac{\arctan x}{x} \ (x \neq 0)$；　　（4）$f(x) = \begin{cases} x+2, & x \leqslant 0 \\ 2-x, & x > 0 \end{cases}$.

【解】 （1）因为 $f(-x) = 2^{-x} + 2^x = f(x)$，所以 $f(x) = 2^x + 2^{-x}$ 是偶函数.

（2）因为 $f(-x) = \ln(-x + \sqrt{1+x^2}) = \ln \dfrac{1}{\sqrt{1+x^2} + x}$

$$= -\ln(\sqrt{1+x^2} + x) = -f(x)$$

所以 $f(x) = \ln(x + \sqrt{1+x^2})$ 是奇函数.

（3）$f(-x) = (-x)^3 - \dfrac{\arctan(-x)}{(-x)} = -x^3 - \dfrac{\arctan x}{x} \neq -f(x)$，　$f(-x) \neq f(x)$

故 $f(x) = x^3 - \dfrac{\arctan x}{x} \ (x \neq 0)$ 既非奇函数也非偶函数.

（4）因为 $f(x) = \begin{cases} x+2, & x \leqslant 0 \\ 2-x, & x > 0 \end{cases} = \begin{cases} x+2, & x < 0 \\ 2, & x = 0 \\ 2-x, & x > 0 \end{cases}$

$$f(-x) = \begin{cases} 2-x, & -x < 0 \\ 2, & x = 0 \\ 2+x, & -x > 0 \end{cases}$$

$$= \begin{cases} 2-x, & x > 0 \\ 2, & x = 0 \\ 2+x, & x < 0 \end{cases}$$

$$= \begin{cases} x+2, & x \leq 0 \\ 2-x, & x > 0 \end{cases}$$

$$= f(x)$$

所以 $f(x)$ 是偶函数.

说明：判断分段函数的奇偶性，在分段点处存在"$\geq$"或"$\leq$"时，先分成"$>$""$=$"，或"$<$""$=$"，然后再判断.

【例4】 判断下列函数的有界性：

（1）$y = 2x^2 + 1$；　　　　　　（2）$y = 3\sin 2x - 5\cos 3x$.

【解】（1）对任意 $x \in (-\infty, +\infty)$，有 $|y| = |2x^2 + 1| = 2x^2 + 1$ 无界，故函数 $y = 2x^2 + 1$ 在 $(-\infty, +\infty)$ 上无界.

（2）对任意 $x \in (-\infty, +\infty)$，有 $|y| = |3\sin 2x - 5\cos 3x| \leq |3\sin 2x| + |5\cos 3x| \leq 3 + 5 = 8$，故函数 $y = 3\sin 2x - 5\cos 3x$ 在 $(-\infty, +\infty)$ 上有界.

【例5】 求下列函数的表达式：

（1）设 $f(1+x) = x^2 + 3x + 5$，求 $f(x)$；

（2）已知 $f(2x-1) = x^2$，求 $f[f(x)]$；

（3）设 $f(x) = \dfrac{1}{1+x}$，$g(x) = 1 + x^2$，求 $f\left(\dfrac{1}{x}\right)$，$f[f(x)]$，$g[g(x)]$，$f[g(x)]$，$g[f(x)]$；并确定它们的定义域；

（4）若 $f(x) = 10^x$，$g(x) = \ln x$，求 $f[g(100)]$，$g[f(3)]$.

【解】（1）解法一：设 $1+x = u$，则 $x = u-1$，得

$$f(u) = f(1+x) = (u-1)^2 + 3(u-1) + 5 = u^2 + u + 3$$

故

$$f(x) = x^2 + x + 3$$

解法二：直接将 $f(1+x)$ 凑成 $1+x$ 的函数，即 $f(1+x) = (1+x)^2 + (1+x) + 3$，故

$$f(x) = x^2 + x + 3$$

说明：已知 $f[g(x)]$，求 $f(x)$ 的表达式，一般设 $u = g(x)$，解出 $x = \varphi(u)$，代入 $f[g(x)]$，求出 $f(u)$ 的表达式，再将 u 换成 x 得到 $f(x)$. 也可用凑成法.

（2）令 $u = 2x-1$，则 $x = \dfrac{u+1}{2}$，代入 $f(2x-1) = x^2$ 得 $f(u) = \left(\dfrac{u+1}{2}\right)^2 = \dfrac{(u+1)^2}{4}$，因此

$$f(x) = \dfrac{(x+1)^2}{4}$$

$$f[f(x)] = \dfrac{[f(x)+1]^2}{4} = \dfrac{\left(\dfrac{(x+1)^2}{4}+1\right)^2}{4} = \dfrac{[(x+1)^2+4]^2}{64}$$

（3）

$$f\left(\dfrac{1}{x}\right) = \dfrac{1}{1+\dfrac{1}{x}} = \dfrac{x}{x+1} \quad (x \neq -1)$$

$$f[f(x)] = \frac{1}{1+\dfrac{1}{1+x}} = \frac{1+x}{1+x+1} = \frac{1+x}{2+x} \quad (x \neq -2)$$

$$g[g(x)] = 1+(1+x^2)^2 = x^4+2x^2+2, \quad x \in (-\infty, +\infty)$$

$$f[g(x)] = \frac{1}{1+(1+x^2)} = \frac{1}{x^2+2}, \quad x \in (-\infty, +\infty)$$

$$g[f(x)] = 1+\left(\frac{1}{1+x}\right)^2 = \frac{x^2+2x+2}{x^2+2x+1} \quad (x \neq -1)$$

说明：注意复合次序，一般情况下 $f[g(x)] \neq g[f(x)]$.

（4）因为 $g(100) = \ln 100$，所以

$$f[g(100)] = f(\ln 100) = 10^{\ln 100}$$

因为 $f(3) = 10^3$，所以

$$g[f(3)] = g(10^3) = \ln 10^3 = 3\ln 10$$

【例6】 分解下列复合函数：

（1） $y = \cos\dfrac{1}{x+1}$；　　　　　　（2） $y = 2^{\sin^3 x}$；

（3） $y = \lg^2 \arccos x^5$；　　　　　（4） $y = \sqrt{\ln \tan x^2}$.

【解】 （1） $y = \cos\dfrac{1}{x+1}$ 可分解为 $y = \cos u$，$u = v^{-1}$，$v = x+1$.

（2） $y = 2^{\sin^3 x}$ 可分解为 $y = 2^u$，$u = v^3$，$v = \sin x$.

（3） $y = \lg^2 \arccos x^5$ 可分解为 $y = u^2$，$u = \lg v$，$v = \arccos \omega$，$\omega = x^5$.

（4） $y = \sqrt{\ln \tan x^2}$ 可分解为 $y = \sqrt{u}$，$u = \ln v$，$v = \tan \omega$，$\omega = x^2$.

（二）极限的求法

1. 数列极限的求法，以及等差数列和等比数列前 n 项的极限.

2. 利用极限的四则运算法则计算.

3. $\dfrac{0}{0}$ 型，可用"约零因子法"，或等价代换的方法.

4. $\dfrac{\infty}{\infty}$ 型，可提取无穷大因子或分子分母同除以适当无穷大，特别地，有

$$\lim_{x\to\infty} \frac{a_0 x^n + a_1 x^{n-1} + \cdots + a_n}{b_0 x^m + b_1 x^{m-1} + \cdots + b_m} = \begin{cases} 0, & m > n \\ \dfrac{a_0}{b_0}, & m = n \ (a_0, b_0 \neq 0) \\ \infty, & m < n \end{cases}$$

5. $\infty - \infty$ 型，可有理化或通分后转变为 $\dfrac{0}{0}$ 或 $\dfrac{\infty}{\infty}$ 型.

6. 利用两个重要极限：

$$\lim_{x\to 0} \frac{\sin x}{x} = 1; \quad \lim_{x\to\infty}\left(1+\frac{1}{x}\right)^x = e \text{ 或 } \lim_{x\to 0}(1+x)^{\frac{1}{x}} = e$$

7. 无穷小法：无穷小与有界函数的乘积仍为无穷小；在同一自变量变化过程中，无穷大的倒数是无穷小；无穷小量的等价代换.

8. 分段函数在分界点处的极限，要分别求左、右极限判断极限是否存在.

9. 利用连续性求极限，若 $f(x)$ 在 x_0 处连续，$\lim\limits_{x \to x_0} f(x) = f(x_0)$；若 $g(x)$ 在 x_0 处连续，$\lim\limits_{x \to x_0} f[g(x)] = f\left[\lim\limits_{x \to x_0} g(x)\right] = f[g(x_0)]$，函数符号可以与极限符号互换.

【例7】 计算下列极限：

（1） $\lim\limits_{n \to \infty} \dfrac{n(2n^2+1)}{n^3+4n^2+3}$；

（2） $\lim\limits_{n \to \infty}(\sqrt{n+1} - \sqrt{n})$；

（3） $\lim\limits_{n \to \infty}\left(\dfrac{1+3+\cdots+(2n-1)}{n+3}\right)$，其中 n 为自然数；

（4） $\lim\limits_{n \to +\infty}\left(1 + \dfrac{1}{2} + \dfrac{1}{4} + \cdots + \dfrac{1}{2^n}\right)$.

【解】（1）"$\dfrac{\infty}{\infty}$"型，一般采用分子和分母同除以 n 的最高次幂的方法求极限，分子分母同除以 n^3，得

$$\lim\limits_{n \to \infty} \frac{n(2n^2+1)}{n^3+4n^2+3} = \lim\limits_{n \to \infty} \frac{2 + \dfrac{1}{n^2}}{1 + \dfrac{4}{n} + \dfrac{3}{n^3}} = \frac{2}{1} = 2$$

（2）此数列极限为"$\infty - \infty$"型，将其有理化后求极限，得

$$\lim\limits_{n \to \infty}(\sqrt{n+1} - \sqrt{n}) = \lim\limits_{n \to \infty} \frac{(\sqrt{n+1} - \sqrt{n})(\sqrt{n+1} + \sqrt{n})}{\sqrt{n+1} + \sqrt{n}} = \lim\limits_{n \to \infty} \frac{1}{\sqrt{n+1} + \sqrt{n}} = 0$$

（3）因为 $\dfrac{1+3+\cdots+(2n-1)}{n+3} = \dfrac{\dfrac{n(1+2n-1)}{2}}{n+3} = \dfrac{n^2}{n+3}$，所以 $\lim\limits_{n \to \infty}\left[\dfrac{1+3+\cdots+(2n-1)}{n+3}\right] = \lim\limits_{n \to \infty} \dfrac{n^2}{n+3}$，值为无穷大，极限不存在.

（4）因为 $1 + \dfrac{1}{2} + \dfrac{1}{4} + \cdots + \dfrac{1}{2^n} = \dfrac{1 - \left(\dfrac{1}{2}\right)^n}{1 - \dfrac{1}{2}} = 2\left[1 - \dfrac{1}{2^n}\right]$，所以

$$\lim\limits_{n \to +\infty}\left(1 + \frac{1}{2} + \frac{1}{4} + \cdots + \frac{1}{2^n}\right) = \lim\limits_{n \to +\infty} 2\left[1 - \frac{1}{2^n}\right] = 2$$

【例8】 已知 a、b 为常数，$\lim\limits_{x \to 1} \dfrac{ax+b}{x-1} = 4$，求 a、b 的值.

【分析】 此题为 $x \to x_0$ 时的有理函数极限式，当 $\lim\limits_{x \to x_0} Q_m(x) = 0$，而 $\lim\limits_{x \to x_0} \dfrac{P_n(x)}{Q_m(x)} = A\ (A \neq 0)$ 时，必有 $\lim\limits_{x \to x_0} P_n(x) = 0$.

【解】 因为 $\lim\limits_{x\to 1}\dfrac{ax+b}{x-1}=4$，必有 $\lim\limits_{x\to 1}(ax+b)=0$，故有 $a+b=0$，即 $a=-b$，代入 $\lim\limits_{x\to 1}\dfrac{ax+b}{x-1}=$

$\lim\limits_{x\to 1}\dfrac{a(x-1)}{x-1}=4$，故有 $a=4$，$b=-4$.

【例 9】 计算下列极限：

（1） $\lim\limits_{x\to 0}\dfrac{x}{\sqrt{x+2}-\sqrt{2-x}}$；　　　　（2） $\lim\limits_{x\to\infty}\dfrac{-3x^3+1}{x^3+3x^2-2}$.

【解】 （1） $\lim\limits_{x\to 0}\dfrac{x}{\sqrt{x+2}-\sqrt{2-x}}$

$$=\lim\limits_{x\to 0}\dfrac{x(\sqrt{x+2}+\sqrt{2-x})}{(\sqrt{x+2}-\sqrt{2-x})(\sqrt{x+2}+\sqrt{2-x})}$$

$$=\lim\limits_{x\to 0}\dfrac{x(\sqrt{x+2}+\sqrt{2-x})}{2x}=\lim\limits_{x\to 0}\dfrac{\sqrt{x+2}+\sqrt{2-x}}{2}=\sqrt{2}$$

说明：此题是 $\dfrac{0}{0}$ 型极限，可通过分母有理化约去零因子，再求极限.

（2）此题是 $\dfrac{\infty}{\infty}$ 型极限，分子分母同除以 x^3，得

$$\lim\limits_{x\to\infty}\dfrac{-3x^3+1}{x^3+3x^2-2}=\lim\limits_{x\to\infty}\dfrac{-3+\dfrac{1}{x^3}}{1+\dfrac{3}{x}-\dfrac{2}{x^3}}=\dfrac{-3}{1}=-3$$

【例 10】 计算下列极限：

（1） $\lim\limits_{x\to 2}\dfrac{\sin^2(x-2)}{x-2}$；　　　　（2） $\lim\limits_{x\to 0}\dfrac{\sqrt{1+x+x^2}-1}{\sin 2x}$.

【解】 （1）由重要极限 $\lim\limits_{x\to 0}\dfrac{\sin x}{x}=1$，有

$$\lim\limits_{x\to 0}\dfrac{\sin^2(x-2)}{x-2}=\lim\limits_{x\to 2}\dfrac{\sin(x-2)}{x-2}\sin(x-2)=1\times 0=0$$

（2） $\lim\limits_{x\to 0}\dfrac{\sqrt{1+x+x^2}-1}{\sin 2x}=\lim\limits_{x\to 0}\dfrac{x+x^2}{(\sqrt{1+x+x^2}+1)\sin 2x}$

$$=\lim\limits_{x\to 0}\dfrac{x(1+x)}{(\sqrt{1+x+x^2}+1)\sin 2x}$$

$$=\lim\limits_{x\to 0}\dfrac{2x}{2\sin 2x}\cdot\dfrac{1+x}{\sqrt{1+x+x^2}+1}$$

$$=\dfrac{1}{2}\times 1\times\dfrac{1}{2}$$

$$=\dfrac{1}{4}$$

说明：此类题为带有三角函数的"$\dfrac{0}{0}$"型，注意选用 $\lim\limits_{\varphi(x)\to 0}\dfrac{\sin\varphi(x)}{\varphi(x)}=1$.

【例 11】 计算下列极限：

（1）$\lim\limits_{x\to\infty}\left(1+\dfrac{4}{x}\right)^{x+4}$； （2）$\lim\limits_{x\to 0}\left(\dfrac{1-x}{1+x}\right)^{\frac{1}{x}}$； （3）$\lim\limits_{x\to 1}x^{\frac{1}{x-1}}$；

（4）$\lim\limits_{x\to 0}(1+\sin x)^{\frac{1}{x}}$； （5）$\lim\limits_{x\to 0}(1+\sin x)^{2\csc x}$； （6）$\lim\limits_{x\to +\infty}x\left[\ln(x+1)-\ln x\right]$.

【解】（1）由重要极限 $\lim\limits_{x\to\infty}\left(1+\dfrac{1}{x}\right)^{x}=\mathrm{e}$，有

$$\lim_{x\to\infty}\left(1+\frac{4}{x}\right)^{x+4}=\lim_{x\to\infty}\left(1+\frac{1}{\frac{x}{4}}\right)^{\frac{x}{4}\times 4+4}=\lim_{x\to\infty}\left(1+\frac{1}{\frac{x}{4}}\right)^{\frac{x}{4}\times 4}\cdot\lim_{x\to\infty}\left(1+\frac{1}{\frac{x}{4}}\right)^{4}=\mathrm{e}^4\times 1=\mathrm{e}^4$$

（2）$\lim\limits_{x\to 0}\left(\dfrac{1-x}{1+x}\right)^{\frac{1}{x}}=\lim\limits_{x\to 0}=\dfrac{(1-x)^{\frac{1}{x}}}{(1+x)^{\frac{1}{x}}}=\dfrac{\lim\limits_{x\to 0}\left[(1-x)^{\frac{1}{-x}}\right]^{-1}}{\lim\limits_{x\to 0}(1+x)^{\frac{1}{x}}}=\dfrac{\mathrm{e}^{-1}}{\mathrm{e}}=\dfrac{1}{\mathrm{e}^2}$

（3）$\lim\limits_{x\to 1}x^{\frac{1}{x-1}}=\lim\limits_{x\to 1}[1+(x-1)]^{\frac{1}{x-1}}=\mathrm{e}$

（4）$\lim\limits_{x\to 0}(1+\sin x)^{\frac{1}{x}}=\lim\limits_{x\to 0}\left[(1+\sin x)^{\frac{1}{\sin x}}\right]^{\frac{\sin x}{x}}=\mathrm{e}\lim\limits_{x\to 0}\dfrac{\sin x}{x}=\mathrm{e}^1=\mathrm{e}$

（5）$\lim\limits_{x\to 0}(1+\sin x)^{2\csc x}=\lim\limits_{x\to 0}\left[(1+\sin x)^{\frac{1}{\sin x}}\right]^{2}=\mathrm{e}^2$

（6）$\lim\limits_{x\to +\infty}x\left[\ln(x+1)-\ln x\right]=\lim\limits_{x\to +\infty}\ln\left(\dfrac{x+1}{x}\right)^{x}=\lim\limits_{x\to +\infty}\ln\left(1+\dfrac{1}{x}\right)^{x}$

$$=\ln\lim_{x\to\infty}\left(1+\frac{1}{x}\right)^{x}=\ln\mathrm{e}=1$$

说明：此类题为"1^{∞}"型，注意运用 $\lim\limits_{\varphi(x)\to 0}\left[1+\varphi(x)\right]^{\frac{1}{\varphi(x)}}=\lim\limits_{g(u)\to\infty}\left[1+\dfrac{1}{g(u)}\right]^{g(u)}=\mathrm{e}$.

【例 12】 计算下列极限：

（1）$\lim\limits_{x\to 0}x\sin\dfrac{1}{x}$； （2）$\lim\limits_{x\to\infty}\dfrac{\sin x}{x}$；

（3）$\lim\limits_{x\to\infty}x\sin\dfrac{1}{x}$； （4）$\lim\limits_{x\to 0}x\sin x$.

【解】（1）当 $x\to 0$ 时，x 是无穷小，因 $\left|\sin\dfrac{1}{x}\right|\leqslant 1$，即 $\sin\dfrac{1}{x}$ 是有界函数，故 $x\sin\dfrac{1}{x}$ 是无穷

小，于是 $\lim\limits_{x\to 0}x\sin\dfrac{1}{x}=0$.

（2）当 $x \to \infty$ 时，$\dfrac{1}{x}$ 是无穷小，因 $|\sin x| \leqslant 1$，即 $\sin x$ 是有界函数，故 $\dfrac{\sin x}{x}$ 是无穷小，于是 $\lim\limits_{x \to \infty} \dfrac{\sin x}{x} = 0$.

（3）$\lim\limits_{x \to \infty} x \sin \dfrac{1}{x} = \lim\limits_{x \to \infty} \dfrac{\sin \dfrac{1}{x}}{\dfrac{1}{x}} = 1$

（4）$\lim\limits_{x \to 0} x \sin x = 0$

注意： $\lim\limits_{x \to \infty} x \sin x$ 极限不存在.

【例 13】 当 $x \to 0$ 时，下列哪个函数与 x 等价无穷小？

（1）$\tan^2 x$；
（2）$1 - \cos x$；

（3）$\ln(1+x)$；
（4）$2(\sqrt{1+x} - \sqrt{1-x})$.

【解】（1）因为 $\lim\limits_{x \to 0} \dfrac{\tan^2 x}{x} = 0$

故当 $x \to 0$ 时，$\tan^2 x$ 是比 x 高阶的无穷小，即 $\tan^2 x = o(x)$.

（2）因为 $\lim\limits_{x \to 0} \dfrac{1 - \cos x}{x} = \lim\limits_{x \to 0} \dfrac{2 \sin^2 \dfrac{x}{2}}{x} = 0$

故当 $x \to 0$ 时，$(1 - \cos x)$ 是比 x 高阶的无穷小，即 $1 - \cos x = o(x)$.

（3）因为 $\lim\limits_{x \to 0} \dfrac{\ln(1+x)}{x} = \lim\limits_{x \to 0} \ln(1+x)^{\frac{1}{x}} = \ln \mathrm{e} = 1$

故当 $x \to 0$ 时，$\ln(1+x)$ 是与 x 等价的无穷小，即 $\ln(1+x) \sim x$.

因此，当 $x \to 0$ 时，函数 $\ln(1+x)$ 与 x 等价无穷小.

（4）因为 $\lim\limits_{x \to 0} \dfrac{2(\sqrt{1+x} - \sqrt{1-x})}{x} = \lim\limits_{x \to 0} \dfrac{4}{\sqrt{1+x} + \sqrt{1-x}} = 2$

故当 $x \to 0$ 时，$2(\sqrt{1+x} - \sqrt{1-x})$ 是与 x 同阶的无穷小.

说明： 当 $x \to 0$ 时，$\sin x \sim x$，$\sin(\sin x) \sim x$，$\tan x \sim x$，$\arcsin x \sim x$，$\arctan x \sim x$，$1 - \cos x \sim \dfrac{1}{2} x^2$，$\ln(1+x) \sim x$，$\mathrm{e}^x - 1 \sim x$，$(1+x)^n - 1 \sim nx$，$\sqrt[n]{1+x} - 1 \sim \dfrac{1}{n} x$，这些等价式的意义是在求极限的过程中"可将较复杂的函数化为 x、x^2 等幂函数"，可以互相代替.

【例 14】 计算下列极限：

（1）$\lim\limits_{x \to 0} \dfrac{1 - \cos 4x}{x^2}$；
（2）$\lim\limits_{t \to 0} \dfrac{\mathrm{e}^t - 1}{t}$.

【解】 利用等价无穷小代换，简化计算.

（1）$\lim\limits_{x \to 0} \dfrac{1 - \cos 4x}{x^2} = \lim\limits_{x \to 0} \dfrac{\dfrac{1}{2}(4x)^2}{x^2} = 8$

（2）$\lim\limits_{t \to 0} \dfrac{\mathrm{e}^t - 1}{t} = \lim\limits_{t \to 0} \dfrac{t}{t} = 1$

【例 15】 设 $f(x)=\begin{cases} e^{\frac{1}{x}}, x<0 \\ x, x>0 \end{cases}$ ，求 $\lim\limits_{x\to 0} f(x)$.

【解】 因为 $\lim\limits_{x\to 0^-} f(x) = \lim\limits_{x\to 0^-} e^{\frac{1}{x}} = 0$ ， $\lim\limits_{x\to 0^+} f(x) = \lim\limits_{x\to 0^+} x = 0$ ，所以 $\lim\limits_{x\to 0^-} f(x) = \lim\limits_{x\to 0^+} f(x) = 0$ ，故 $\lim\limits_{x\to 0} f(x) = 0$.

说明：若分段函数的分段点两侧表达式不相同，在计算极限时，必须考虑左、右极限. 若左、右极限相等，则极限存在；否则极限不存在. 本题中 $f(x)$ 在 $x=0$ 处无定义，但函数 $f(x)$ 在 $x=0$ 处极限存在，说明函数在某一点是否有极限与函数在这一点是否有定义无关.

【例 16】 设 $f(x)=\dfrac{|x|-x}{x}$ ，问 $\lim\limits_{x\to 0} f(x)$ 是否存在？

【分析】 此问题为含有绝对值函数的极限，应将函数分段后去掉绝对值，再研究其极限. 故属于分段函数的极限，应分左、右极限分别计算.

【解】 $\lim\limits_{x\to 0^+} f(x) = \lim\limits_{x\to 0^+} \dfrac{x-x}{x} = 0$ ， $\lim\limits_{x\to 0^-} f(x) = \lim\limits_{x\to 0^-} \dfrac{-x-x}{x} = -2$

因为 $\lim\limits_{x\to 0^+} f(x) \neq \lim\limits_{x\to 0^-} f(x)$ ，故 $\lim\limits_{x\to 0} f(x)$ 不存在.

【例 17】 设 $f(x)$ 在 $x=2$ 处连续，且 $f(2)=3$ ，求：

$$\lim_{x\to 2} f(x) \cdot \left(\frac{1}{x-2} - \frac{4}{x^2-4} \right)$$

【分析】 利用函数的连续性求极限.

【解】 因为 $f(x)$ 在 $x=2$ 处连续，故 $\lim\limits_{x\to 2} f(x) = f(2) = 3$ ，则有

$$\lim_{x\to 2} f(x) \cdot \left(\frac{1}{x-2} - \frac{4}{x^2-4} \right) = \lim_{x\to 2} f(x) \cdot \lim_{x\to 2} \frac{x+2-4}{(x-2)(x+2)} = 3 \cdot \lim_{x\to 2} \frac{1}{x+2} = 3 \times \frac{1}{4} = \frac{3}{4}$$

（三）函数的连续性

【例 18】 讨论下列函数在指定点处的连续性：

（1） $f(x)=\begin{cases} 2x, 0\leqslant x<1 \\ 3-x, 1\leqslant x\leqslant 2 \end{cases}$ 在 $x=1$ 处；

（2） $f(x)=\begin{cases} \dfrac{x}{\sin x}, x<0 \\ 1, x=0 \\ e^{-x}, x>0 \end{cases}$ 在 $x=0$ 处.

【解】 （1）函数 $f(x)$ 在 $x=1$ 的邻域有定义.

因为 $\lim\limits_{x\to 1^+} f(x) = \lim\limits_{x\to 1^+} (3-x) = 2$ ， $\lim\limits_{x\to 1^-} f(x) = \lim\limits_{x\to 1^-} 2x = 2$ ，且 $f(1)=2$ ，所以有 $\lim\limits_{x\to 1} f(x) = 2 = f(1)$ ，即 $f(x)$ 在 $x=1$ 处连续.

（2）函数 $f(x)$ 在 $x=0$ 的邻域有定义.

因为 $\lim\limits_{x\to 0^{+}}f(x)=\lim\limits_{x\to 0^{+}}\mathrm{e}^{-x}=1$，$\lim\limits_{x\to 0^{-}}f(x)=\lim\limits_{x\to 0^{-}}\dfrac{x}{\sin x}=1$，所以有 $\lim\limits_{x\to 0}f(x)=1=f(0)$，即 $f(x)$ 在 $x=0$ 处连续.

【例19】 设函数 $f(x)=\begin{cases}\dfrac{\sin 2x}{x}, & x<0 \\ 3x^2-2x+k, & x\geqslant 0\end{cases}$，当 k 取何值时，函数 $f(x)$ 在其定义域内连续？

【解】 函数 $f(x)$ 的定义域为 $(-\infty,+\infty)$.

当 $x<0$ 时，$f(x)=\dfrac{\sin 2x}{x}$，当 $x>0$ 时，$f(x)=3x^2-2x+k$，故 $f(x)$ 在 $(-\infty,0)$ 和 $(0,+\infty)$ 内分别为初等函数且连续.

在 $x=0$ 处，$\lim\limits_{x\to 0^{-}}f(x)=\lim\limits_{x\to 0^{-}}\dfrac{\sin 2x}{x}=2\lim\limits_{x\to 0^{-}}\dfrac{\sin 2x}{2x}=2$，$\lim\limits_{x\to 0^{+}}f(x)=\lim\limits_{x\to 0^{+}}(3x^2-2x+k)=k$

若 $f(x)$ 在 $x=0$ 处连续，必有 $\lim\limits_{x\to 0}f(x)$ 存在，从而可得

$$\lim\limits_{x\to 0^{-}}f(x)=\lim\limits_{x\to 0^{+}}f(x)$$

故 $k=2$，此时 $f(0)=2$，因此又有

$$\lim\limits_{x\to 0}f(x)=2=f(0)$$

所以，当 $k=2$ 时，$f(x)$ 在 $x=0$ 处连续，进而 $f(x)$ 在其定义域 $(-\infty,+\infty)$ 内连续.

说明：讨论分段函数在其定义区间的连续性，不仅要讨论分段点处的连续性，还应讨论分段点以外的区间内的连续性，否则所讨论的问题就不完整.

【例20】 求下列函数的间断点，并确定其类型：

（1）$y=\dfrac{\tan x}{x}$；　　　　　（2）$f(x)=\dfrac{2^{\frac{1}{x}}-1}{2^{\frac{1}{x}}+1}$；　　　　　（3）$y=\dfrac{x^2-4}{x^2-3x+2}$.

【解】（1）函数 $y=\tan x$ 在 $x=\dfrac{\pi}{2}+k\pi$ $(k\in\mathbf{Z})$ 处没有定义.

又因为 $\lim\limits_{x\to\frac{\pi}{2}}\dfrac{\tan x}{x}=\infty$，所以点 $x=\dfrac{\pi}{2}+k\pi$ $(k\in\mathbf{Z})$ 是函数 $y=\dfrac{\tan x}{x}$ 的无穷间断点，属于第二类间断点.

函数 $y=\dfrac{\tan x}{x}$ 在 $x=0$ 处无定义，但 $\lim\limits_{x\to 0}\dfrac{\tan x}{x}=1$，所以点 $x=0$ 是函数 $y=\dfrac{\tan x}{x}$ 的可去间断点，属于第一类间断点.

（2）函数 $f(x)=\dfrac{2^{\frac{1}{x}}-1}{2^{\frac{1}{x}}+1}$ 在 $x=0$ 处没有定义.

因为 $\lim\limits_{x\to 0^{-}}\dfrac{2^{\frac{1}{x}}-1}{2^{\frac{1}{x}}+1}=-1$，$\lim\limits_{x\to 0^{+}}\dfrac{2^{\frac{1}{x}}-1}{2^{\frac{1}{x}}+1}=\lim\limits_{x\to 0^{+}}\dfrac{1-\dfrac{1}{2^{\frac{1}{x}}}}{1+\dfrac{1}{2^{\frac{1}{x}}}}=1$，$\lim\limits_{x\to 0^{-}}f(x)\neq\lim\limits_{x\to 0^{+}}f(x)$，所以 $\lim\limits_{x\to 0}f(x)$ 不

存在，从而 $x=0$ 是函数 $f(x)=\dfrac{2^{\frac{1}{x}}-1}{2^{\frac{1}{x}}+1}$ 的跳跃间断点，属于第一类间断点.

（3）函数 $y=\dfrac{x^2-4}{x^2-3x+2}$ 在 $x=1$、$x=2$ 处没有定义.

但
$$\lim_{x\to 1}\frac{x^2-4}{x^2-3x+2}=\lim_{x\to 1}\frac{(x-2)(x+2)}{(x-1)(x-2)}=\infty$$

$$\lim_{x\to 2}\frac{x^2-4}{x^2-3x+2}=\lim_{x\to 2}\frac{(x-2)(x+2)}{(x-1)(x-2)}=4$$

所以 $x=1$ 为函数 $y=\dfrac{x^2-4}{x^2-3x+2}$ 的无穷间断点，属于第二类间断点.

$x=2$ 为函数 $y=\dfrac{x^2-4}{x^2-3x+2}$ 的可去间断点，属于第一类间断点.

说明：判断间断点的类型主要依据该点的左右极限是否存在.

【**例 21**】 求证方程 $x-3\cos x=1$ 至少有一个小于 4 的正根.

【**证明**】 设 $f(x)=x-3\cos x-1$，则 $f(x)$ 在 $(-\infty,\ +\infty)$ 内连续，从而也在 $[0,4]$ 上连续，且 $f(0)=-4<0$，$f(4)=3-3\cos 4=3(1-\cos 4)>0$，根据零点定理可知，至少存在一点 $\xi\in(0,4)$，使 $f(\xi)=\xi-3\cos\xi-1=0$，即方程 $x-3\cos x=1$ 至少有一个小于 4 的正根.

说明：作为证明题一定要验证所讨论的函数是否满足有关定理的条件才能得到有关结论. 本题所依据的零点定理要求函数在闭区间上连续，在区间端点处异号，若不说明或验证这两个条件存在，就不能得到定理的结论.

（四）经济函数及其应用

【**例 22**】 设生产某种产品 q 件的总成本为 $C(q)=50+q+2q^2$（万元）$(q>0)$，若每件产品的售价为 40 万元，试求：

（1）产量 $q=10$ 件时的总利润和平均利润.

（2）求经济活动的保本点.

【**分析**】 总利润函数等于总收益函数与总成本函数之差，即 $L(q)=R(q)-C(q)$；保本点即无盈亏点，即满足总利润函数为零的点.

【**解**】（1）因为总收入 $R(q)=40q$，所以总利润为
$$L(q)=40q-(50+q+2q^2)=39q-50-2q^2$$

当 $q=10$ 时：
$$L(10)=39\times 10-50-2\times 10^2=140（万元）$$

平均利润为
$$\frac{L(q)}{q}=\frac{140}{10}=14（万元/件）$$

故生产 10 件该产品的总利润为 140 万元，平均利润为 14 万元/件.

（2）令 $L(q)=-2q^2+39q-50=0$，得 $q_1\approx 1.379\approx 1$，$q_2\approx 18.120\approx 18$.

因为 $L(q)$ 是二次函数，当 $q<q_1$ 或 $q>q_2$ 时，都有 $L(q)<0$，此时生产经营亏损；当 $q_1<q<q_2$

时，都有 $L(q)>0$，此时生产经营盈利. 因此，$q_1=1$，$q_2=18$ 是无盈亏点.

【例23】 某人现有 500 元钱存入银行，已知现行储蓄平均利率为 9%. 试求：

（1）按单利计算，5 年后的本利和是多少？

（2）按复利计算，5 年后的本利和是多少？

（3）按连续复利计算，5 年后的本利和是多少？

【解】 根据题设初始本金 $P=500$ 元，年利率 $R=9\%$，$n=5$.

（1）按单利计算，5 年后的本利和为

$$S_5=P(1+nR)=500\times(1+5\times9\%)=725 \text{（元）}$$

（2）按复利计算，5 年后的本利和为

$$S_5=P(1+R)^n=500\times(1+9\%)^5=769.312 \text{（元）}$$

（3）按连续复利计算，5 年后的本利和为

$$S_n=\lim_{m\to\infty}P\left(1+\frac{R}{m}\right)^{mn}=\lim_{m\to\infty}P\left[1+\left(\frac{R}{m}\right)^{\frac{m}{R}}\right]^{Rn}=Pe^{Rn}$$

$$S_5=500\times e^{5\times9\%}=784.156 \text{（元）}$$

【例24】 某种品牌的电视机每台售价为 500 元时，每月可销售 2 000 台，每台售价为 450 元时，每月可多销售 400 台，试求该电视机的线性需求函数.

【解】 设需求函数为 Q，该电视机每台售价为 P 元，由题意得

$$Q=2000+\frac{500-P}{500-450}\times400=6000-8P$$

故该电视机的线性需求函数为 $Q=6000-8P$.

【例25】 某手表厂每天生产 60 只手表的成本为 300 元，每天生产 80 只手表的成本为 340 元，求其线性成本函数，并求每天的固定成本和生产一只手表的可变成本各为多少？

【解】 设生产一只手表的可变成本为 C_1，固定成本为 C_2，总成本为 C，每天产量为 q. 根据题意有

$$C_1=\frac{340-300}{80-60}=2 \text{（元/只）}$$

$$C_2=300-2\times60=180 \text{（元）}$$

故线性成本函数为 $C=C_1q+C_2=2q+180$.

四、复 习 题 一

1. 下列各对函数是否相同：

（1）$y=\sin x$ 与 $y=\sqrt{1-\cos^2 x}$；

（2）$y=\ln\frac{2-x}{x+2}$ 与 $y=\ln(2-x)-\ln(x+2)$；

（3）$y=\frac{x^2-4}{x-2}$ 与 $y=x+2$；

（4）$y = \sqrt[3]{x^4 - x^3}$ 与 $y = x(x-1)^{\frac{1}{3}}$.

2. 求下列函数的定义域：

（1）$y = \frac{1}{x}\ln(2+x)$；（2）$y = \arccos(x-1) + \frac{1}{\sqrt{1-x^2}}$；（3）$y = \frac{\ln(3-x)}{\sqrt{|x|-1}}$.

3. 已知 $f(e^x + 1) = e^{2x} + e^x + 1$，求 $f(x)$ 的表达式.

4. 分解下列复合函数：

（1）$y = \sin^2(x+1)$；

（2）$y = \left[\arccos(1-x^2)\right]^3$.

5. 已知 $\lim\limits_{x \to \infty}\left(\frac{x^2+1}{x+1} - ax - b\right) = 0$，求 a 和 b 的值.

6. 求下列函数的极限：

（1）$\lim\limits_{x \to 4}\frac{\sqrt{2x+1}-3}{\sqrt{x-2}-\sqrt{2}}$；

（2）$\lim\limits_{x \to 0}\frac{\sin 5x}{\sin 3x}$；

（3）$\lim\limits_{x \to \infty}\left(\frac{x-1}{x}\right)^{2x}$；

（4）$\lim\limits_{x \to 0}\frac{\ln(1+2x)}{x}$；

（5）$\lim\limits_{x \to 1}(e^x - 2x - 1)$；

（6）$\lim\limits_{x \to 0}\arctan\left(\frac{\sin x}{x}\right)$；

（7）$\lim\limits_{x \to 0}\frac{1-\cos x}{3x^2}$；

（8）$\lim\limits_{x \to 0}x\cos\frac{1}{x}$；

（9）$\lim\limits_{x \to \infty}\frac{\sqrt{x^2-3x}}{2x+1}$；

（10）$\lim\limits_{x \to 0}(1+3x)^{\frac{2}{\sin x}}$.

7. 设 $f(x) = \begin{cases} \dfrac{\ln(1+x)}{ax}, & x > 0 \\ x+1, & x \leqslant 0 \end{cases}$ 在 $x = 0$ 处连续，求 a 的值.

8. 讨论下列函数的连续性，如有间断点，指出其类型.

（1）$y = \frac{1-x^2}{1+x}$；

（2）$y = \frac{\tan 2x}{x}$；

（3）$f(x) = \begin{cases} \dfrac{\sqrt{1+x^2}-1}{x}, & x < 0 \\ 1, & x = 0 \\ \arctan\dfrac{1}{x}, & x > 0 \end{cases}$；

（4）$f(x) = \begin{cases} x+1, & x < 0 \\ 0, & x = 0 \\ x-1, & x > 0 \end{cases}$.

9. 证明方程 $3^x - 2 = 0$ 至少有一个小于 1 的正根.

五、复习题一答案

1.（1）否 （2）是 （3）否 （4）是

2.（1）$(-2, 0) \cup (0, +\infty)$

 （2）$[0, 1)$

 （3）$(-\infty, -1) \cup (1, 3)$

3. $f(x) = x^2 - x + 1$

4.（1）$y = u^2$，$u = \sin v$，$v = x + 1$

 （2）$y = u^3$，$u = \arccos v$，$v = 1 - x^2$

5. $a = 1$，$b = -1$

6.（1）$\dfrac{2\sqrt{2}}{3}$ （2）$\dfrac{5}{3}$ （3）e^{-2}

 （4）2 （5）$e - 3$ （6）$\dfrac{\pi}{4}$

 （7）$\dfrac{1}{6}$ （8）0 （9）$\dfrac{1}{2}$ （10）e^6

7. $a = 1$

8.（1）$x = -1$ 为可去间断点，属第一类

 （2）$x = \dfrac{k\pi}{2} + \dfrac{\pi}{4}$ $(k \in \mathbf{Z})$ 为无穷间断点，属第二类；$x = 0$ 为可去间断点，属第一类

 （3）$x = 0$ 为第二类间断点

 （4）$x = 0$ 为跳跃间断点，属第一类

9. 提示：设 $f(x) = 3^x - 2$，$f(x)$ 在 $(-\infty, +\infty)$ 内连续，从而在 $[0, 1]$ 上也连续，$f(0) = -1 < 0$，$f(1) = 1 > 0$，存在 $\xi \in (0, 1)$，使 $f(\xi) = 0$。

六、自 测 题 一

（总分 100 分，时间 100 分钟）

1. 填空题（每小题 2 分，共 20 分）

（1）函数 $y = \arcsin \dfrac{2x - 1}{3}$ 的定义域为_____.

（2）已知 $x \to 0$ 时，$\ln(1 + ax)$ 与 $\sin 2x$ 等价，则 $a =$ _____.

（3）若 $\lim\limits_{x \to \infty} \dfrac{ax^n + 2x^2 + 3}{x^3 + 5x + 1} = 2$，则 $a =$ _____，$n =$ _____.

（4）已知 $f(x + 1) = x^2 + 2x + 1$，则 $f(x) =$ _____.

（5）$\lim\limits_{x \to \infty} \left(\dfrac{x + 1}{x} \right)^{-x} =$ _____.

（6）若 $\lim\limits_{x\to 0}\dfrac{\sin 3x}{kx}=1$，则 $k=$ _____.

（7）设 $f(x)=\dfrac{x^2-3x+2}{x^2-1}$，则当 $x\to$ _____ 时，$f(x)$ 为无穷大；当 $x\to$ _____ 时，$f(x)$ 为无穷小.

（8）设 $f(x)=\dfrac{\tan 2x^2}{x^2}$，则 $x=0$ 为 $f(x)$ 的 _____ 间断点.

（9）函数 $f(x)=\begin{cases} k\mathrm{e}^{2x}, & x<0 \\ 1+\cos x, & x\geqslant 0 \end{cases}$ 在 $x=0$ 处连续，则常数 $k=$ _____.

（10）函数 $f(x)=-\ln(\arcsin x)$ 的连续区间是 _____.

2. 单选题（每小题 2 分，共 20 分）

（1）设 $f(x)=\sin x$，$g(x)=\begin{cases} x-\pi, & x\leqslant 0 \\ x+\pi, & x>0 \end{cases}$，则 $f[g(x)]=$（　　）.

    A．$\sin x$　　　　　　　　　　　　B．$\cos x$

    C．$-\sin x$　　　　　　　　　　　D．$-\cos x$

（2）设 $y=\mathrm{e}^{-\frac{1}{x}}$ 是无穷大，则 x 的变化过程是（　　）.

    A．$x\to 0^+$　　　　　　　　　　　B．$x\to 0^-$

    C．$x\to +\infty$　　　　　　　　　　D．$x\to -\infty$

（3）当 $x\to 0$ 时，x^2 与 $\sin x$ 比较是（　　）.

    A．较高阶的无穷小量　　　　　　B．较低阶的无穷小量

    C．等价无穷小量　　　　　　　　D．同阶无穷小量

（4）若 $f(x)=\dfrac{1-x}{2(1+x)}$，$g(x)=1-\sqrt{x}$，则 $x\to 1$ 时有（　　）.

    A．$f(x)=o[g(x)]$　　　　　　　　B．$g(x)=o[f(x)]$

    C．$f(x)$ 与 $g(x)$ 是等价无穷小　　D．$f(x)$ 与 $g(x)$ 是同阶无穷小

（5）设 $f(x)=\dfrac{|1-x|}{1-x}$，则 $\lim\limits_{x\to 1}f(x)$ 是（　　）.

    A．0　　　　　　　　　　　　　　B．-1

    C．1　　　　　　　　　　　　　　D．不存在

（6）当 $x\to 0$ 时，为无穷小量的是（　　）.

    A．$\sin\dfrac{1}{x}$　　　　　　　　　　B．$x\sin\dfrac{1}{x}$

    C．$\dfrac{\sin x}{x}$　　　　　　　　　　D．$\dfrac{1}{x}\sin\dfrac{1}{x}$

（7）设 $y=\dfrac{\sqrt[3]{x}-1}{x-1}$，则 $x=1$ 是函数 y 的（　　）.

    A．连续点　　　　　　　　　　　B．可去间断点

    C．跳跃间断点　　　　　　　　　D．无穷间断点

（8）函数 $y = x\ln(x + \sqrt{x^2 + 1})$，$x \in \mathbf{R}$ 是（　　）.

A．偶函数　　　　　　　　　　　　B．奇函数

C．非奇非偶函数　　　　　　　　　D．不能确定

（9）设函数 $f(x) = \begin{cases} x^2 - 1, & x < 0 \\ x, & 0 \leqslant x \leqslant 1 \\ 2 - x, & 1 < x \leqslant 2 \end{cases}$，则 $f(x)$ 在（　　）.

A．$x = 0$，$x = 1$ 处间断　　　　　　B．$x = 0$ 处间断，$x = 1$ 处连续

C．$x = 0$，$x = 1$ 处都连续　　　　　D．$x = 0$ 处连续，$x = 1$ 处间断

（10）下列等式不正确的是（　　）.

A．$\lim\limits_{x \to 0^+}(1 + 2x)^{\frac{1}{x}} = e^2$　　　　　　B．$\lim\limits_{x \to 0^+}(1 - x)^{-\frac{1}{x}} = e^{-1}$

C．$\lim\limits_{x \to +\infty}\left(1 - \dfrac{2}{x}\right)^{-x} = e^2$　　　　D．$\lim\limits_{x \to -\infty}\left(1 + \dfrac{1}{x}\right)^{x+1} = e$

3．求下列函数的极限（每题 5 分，共 30 分）

（1）$\lim\limits_{x \to 0}(1 + 3x)^{\frac{1}{x}}$；　　　　　　　　（2）$\lim\limits_{x \to 1}\dfrac{1}{x - 1}\sin(2x - 2)$；

（3）$\lim\limits_{x \to \infty}\sqrt{x^2 + 1} - \sqrt{x^2 - 1}$；　　　（4）$\lim\limits_{x \to \infty}\left(\dfrac{a}{x} + 1\right)^{bx+d}$；

（5）$\lim\limits_{x \to 0}\dfrac{1 - \cos x}{\sin x}$；　　　　　　（6）$\lim\limits_{x \to 0}\dfrac{\ln(1 + x^2)}{x^2}$.

4．综合应用题（20 分）

（1）选择适当的 a 值，使函数 $f(x) = \begin{cases} \dfrac{2}{x}, & x \geqslant 1 \\ a\cos \pi x, & x < 1 \end{cases}$ 在 $(-\infty, +\infty)$ 上连续.

（2）某厂生产一种产品，每天的固定成本为 3 000 元，每件产品的平均可变成本为 200 元.

① 求该厂每天生产 x 件产品的日总成本函数及平均成本；

② 若每件产品的零售价为 300 元，试求总收入函数及利润函数；

③ 试求此经济活动的保本点.

5．证明题（10 分）

证明方程 $x = a\sin x + b$（$a > 0$，$b > 0$）至少有一个不超过 $a + b$ 的正根.

七、自测题一答案

1．（1）$[-1，2]$　　（2）2　　（3）2，3　　（4）x^2　　（5）e^{-1}

（6）3　　（7）–1，2　　（8）可去　　（9）2　　（10）（0，1）

2．（1）C　　（2）B　　（3）A　　（4）D　　（5）D

（6）B　　（7）B　　（8）A　　（9）B　　（10）B

3．（1）e^3　　（2）2　　（3）0　　（4）e^{ab}　　（5）0　　（6）1

4．（1）$a=-2$

（2）①　总成本函数 $C(x)=3\,000+200x$，平均成本函数 $\dfrac{C(x)}{x}=\dfrac{3\,000+200x}{x}$

②　总收入函数 $R(x)=300x$，利润函数 $L(x)=100x-3\,000$

③　此经济活动的保本点为 $x=30$

5．证设 $f(x)=x-a\sin x-b$（$a>0$，$b>0$），$f(x)$ 在 $[0,a+b]$ 上连续，且 $f(0)=-b<0$，$f(a+b)=a-a\sin(a+b)>0$，故由零点定理知，至少存在一点 $\xi\in(0,a+b)$，使得 $\xi-a\sin\xi-b=0$，即方程 $x=a\sin x+b(a>0,b>0)$ 至少有一个不超过 $a+b$ 的正根.

第二章

导数与微分学习指导

导数与微分统称为微分学，是微分学中两个最基本的概念. 导数反映的是函数相对于自变量的变化率，而微分反映的是当自变量有微小变化时，函数改变量的近似值，两者之间有着密切联系. 本章主要学习导数和微分的基本概念及基本计算.

一、教 学 要 求

1. 理解导数的概念及其几何意义，了解函数的可导性与连续性之间的关系.
2. 掌握分段函数在分段点处的求导(左、右导数)方法，会用定义求函数在某一点处的导数.
3. 熟练掌握导数的基本公式、四则运算法则以及复合函数的求导方法.
4. 掌握隐函数的求导法、对数求导法以及由参数方程所确定的函数的求导方法.
5. 理解高阶导数的概念，能熟练求解二阶导数，会求简单函数的 n 阶导数.
6. 掌握求曲线的切线和法线的方法.
7. 了解微分的概念、微分与可导的关系，掌握微分法则，会求函数的一阶微分.

重点：导数和微分的概念、几何意义及计算方法.

难点：复合函数的求导法则.

二、学 习 要 求

1. 正确理解导数的定义，理解导数 $f'(x_0)$ 的几何意义是函数在 x_0 处切线的斜率.
2. 深刻理解连续不一定可导，从函数图像上看，连续函数的图像是不间断的，但可能有突变或尖点，这些点处一般不可导，可导函数的图像是光滑的无尖点.
3. 复合函数求导要"由表及里，逐层求导"，分清哪些是中间变量，依次求导相乘，不要漏层.
4. 利用微分形式不变性求微分较简便，注重应用此法灵活求微分.

三、典型例题分析

【例 1】 设 $f(x)$ 在 x_0 可导，求 $\lim\limits_{h\to 0}\dfrac{f(x_0+h)-f(x_0-2h)}{h}$.

【解】 $\lim\limits_{h\to 0}\dfrac{f(x_0+h)-f(x_0-2h)}{h}$

$$=\lim_{h\to 0}\frac{\left[f(x_0+h)-f(x_0)\right]+\left[f(x_0)-f(x_0-2h)\right]}{h}$$

$$=\lim_{h\to 0}\frac{\left[f(x_0+h)-f(x_0)\right]}{h}+2\lim_{h\to 0}\frac{f(x_0-2h)-f(x_0)}{-2h}$$

$$=f'(x_0)+2f'(x_0)=3f'(x_0)$$

说明：导数定义有两种等价形式：

$$f'(x_0)=\lim_{\Delta x\to 0}\frac{f(x_0+\Delta x)-f(x_0)}{\Delta x}, \quad f'(x_0)=\lim_{x\to x_0}\frac{f(x)-f(x_0)}{x-x_0}$$

可见，导数实质上是一种特殊形式的函数极限. 对于极限而言，极限值与自变量用什么字母表示无关，因此，在利用导数定义表达式时，必须凑成导数定义形式再求极限，即有

$$f'(x_0)=\lim_{h\to 0}\frac{f(x_0+h)-f(x_0)}{h}=\lim_{t\to 0}\frac{f(x_0-t)-f(x_0)}{-t}$$

及

$$f'(x_0)=\lim_{\Delta x\to 0}\frac{f(x_0+\Delta x)-f(x_0)}{\Delta x}=\lim_{\Delta x\to 0}\frac{f(x_0+A\Delta x)-f(x_0)}{A\Delta x}$$

【例 2】 设函数 $f(x)=\begin{cases}x^2, & x\leqslant 1\\ ax+b, & x>1\end{cases}$，试确定 a、b 的值，使 $f(x)$ 在点 $x=1$ 处既连续又可导.

【解】 $f(1-0)=\lim\limits_{x\to 1^-}f(x)=\lim\limits_{x\to 1^-}x^2=1$

$$f(1+0)=\lim_{x\to 1^+}f(x)=\lim_{x\to 1^+}(ax+b)=a+b$$

因 $f(x)$ 在 $x=1$ 处连续，$f(1+0)=f(1-0)$，故

$$a+b=1, \quad b=1-a$$

$$f'_-(1)=\lim_{x\to 1^-}\frac{f(x)-f(1)}{x-1}=\lim_{x\to 1^-}\frac{x^2-1}{x-1}=\lim_{x\to 1^-}(x+1)=2$$

$$f'_+(1)=\lim_{x\to 1^+}\frac{f(x)-f(1)}{x-1}=\lim_{x\to 1^+}\frac{ax+b-1}{x-1}=\lim_{x\to 1^+}\frac{a(x-1)}{x-1}=a$$

要使 $f(x)$ 在 $x=1$ 处可导，必须 $f'_-(1)=f'_+(1)$，故 $a=2$，于是 $b=1-a$，$b=-1$.

所以，当 $a=2$，$b=-1$ 时，函数 $f(x)$ 在 $x=1$ 处既连续又可导.

【例 3】 讨论 $f(x)=\begin{cases}\ln(1+x), & -1<x\leqslant 0\\ \sqrt{1+x}-\sqrt{1-x}, & 0<x<1\end{cases}$，在 $x=0$ 处的连续性与可导性.

【解】因为 $\lim\limits_{x\to 0^-}f(x)=\lim\limits_{x\to 0^-}\ln(1+x)=0$，$\lim\limits_{x\to 0^+}f(x)=\lim\limits_{x\to 0^+}(\sqrt{1+x}-\sqrt{1-x})=0$，即 $\lim\limits_{x\to 0^-}f(x)=\lim\limits_{x\to 0^+}f(x)=f(0)=0$，所以，函数 $f(x)$ 在 $x=0$ 处连续. 又

$$
\begin{aligned}
f'_-(0) &= \lim_{x\to 0^-}\frac{f(x)-f(0)}{x-0}\\
&= \lim_{x\to 0^-}\frac{\ln(1+x)}{x}\\
&= \lim_{x\to 0^-}\ln(1+x)^{\frac{1}{x}}\\
&= \ln\lim_{x\to 0^-}(1+x)^{\frac{1}{x}}\\
&= \ln\mathrm{e}\\
&= 1\\
f'_+(0) &= \lim_{x\to 0^+}\frac{f(x)-f(0)}{x-0}\\
&= \lim_{x\to 0^+}\frac{\sqrt{1+x}-\sqrt{1-x}}{x}\\
&= \lim_{x\to 0^+}\frac{2x}{x(\sqrt{1+x}+\sqrt{1-x})}\\
&= 1
\end{aligned}
$$

即 $f'_-(x)=f'_+(x)=1$，因此，函数 $f(x)$ 在 $x=0$ 处可导.

【例 4】 设 $f(x)=(ax+b)\sin x+(cx+d)\cos x$，确定常数 a,b,c,d 的值，使 $f'(x)=x\cos x$.

【解】
$$
\begin{aligned}
f'(x) &= a\sin x+(ax+b)\cos x+c\cos x+(cx+d)(-\sin x)\\
&= (a-cx-d)\sin x+(ax+b+c)\cos x\\
&= x\cos x
\end{aligned}
$$

即 $\begin{cases}ax+b+c=x\\ a-cx-d=0\end{cases}$，故 $a=1,\ b=0,\ c=0,\ d=1$.

【例 5】 试求曲线 $x^2+xy+2y^2-28=0$ 在点（2,3）处的切线方程与法线方程.

【解】 将方程两边同时对 x 求导，得 $2x+y+xy'+4yy'=0$，解得

$$
y'=-\frac{2x+y}{x+4y}
$$

点（2,3）处切线的斜率为

$$
y'\Big|_{\substack{x=2\\y=3}}=-\frac{1}{2}
$$

故所求切线方程为 $y-3=-\dfrac{1}{2}(x-2)$，即 $x+2y-8=0$.

法线方程为 $y-3=2(x-2)$，即 $2x-y-1=0$.

【例 6】 求曲线 $y=x^4+4x+5$ 平行于 x 轴的切线方程及平行于直线 $y=4x-1$ 的切线方程.

【分析】 要确定曲线的切线方程，需要先确定切点坐标及切线斜率. 因为切点在曲线上，切点处的导数与其平行直线的斜率相等，据此即可求出切点坐标及切线方程.

【解】（1）求平行于 x 轴的切线：

设所求切线的切点坐标为 (x_1, y_1)，x 轴的斜率 $k = 0$，$y' = 4x^3 + 4 = 4(x^3 + 1)$．

由 $y'|_{x=x_1} = 4(x_1^3 + 1) = 0$，解得 $x_1 = -1$，$y_1 = 2$．

故切线方程为 $y = 2$，即平行于 x 轴的切线方程为 $y = 2$．

（2）求平行于 $y = 4x - 1$ 的切线：

设所求切线的切点坐标为 (x_2, y_2)，直线 $y = 4x - 1$ 的斜率 $k = 4$，$y' = 4(x^3 + 1)$，由于 $y'|_{x=x_2} = 4(x_2^3 + 1) = 4$，解得 $x_2 = 0$，$y_2 = 5$，故切线方程为

$$y - 5 = 4(x - 0)$$

即平行于直线 $y = 4x - 1$ 的切线方程为 $y = 4x + 5$．

【例7】 求下列函数的导数：

（1）$y = \dfrac{(x-2)^2}{x} + x \ln x$；　　　　（2）$y = \dfrac{1 + \sin^2 x}{\sin 2x}$；

（3）$y = \dfrac{1 - x^3}{\sqrt{x}}$；　　　　（4）$y = \sqrt{x\sqrt{x\sqrt{x}}}$．

【解】（1）$y = \dfrac{(x-2)^2}{x} + x \ln x = x - 4 + 4x^{-1} + x \ln x$

$$y' = (x - 4 + 4x^{-1} + x \ln x)' = 1 - \frac{4}{x^2} + \ln x + x \cdot \frac{1}{x} = 2 - \frac{4}{x^2} + \ln x$$

（2）$y = \dfrac{1 + \sin^2 x}{\sin 2x} = \dfrac{\sin^2 x + \cos^2 x + \sin^2 x}{2 \sin x \cos x} = \tan x + \dfrac{1}{2} \cot x$

$$y' = \left(\tan x + \frac{1}{2} \cot x \right)' = \sec^2 x - \frac{1}{2} \csc^2 x$$

（3）$y = \dfrac{1 - x^3}{\sqrt{x}} = x^{-\frac{1}{2}} - x^{\frac{5}{2}}$

$$y' = (x^{-\frac{1}{2}} - x^{\frac{5}{2}})' = -\frac{1}{2} x^{-\frac{3}{2}} - \frac{5}{2} x^{\frac{3}{2}} = \frac{1 + 5x^3}{-2x\sqrt{x}}$$

（4）$y = \sqrt{x\sqrt{x\sqrt{x}}} = x^{\frac{7}{8}}$

$$y' = (x^{\frac{7}{8}})' = \frac{7}{8} x^{-\frac{1}{8}} = \frac{7}{8\sqrt[8]{x}}$$

说明：利用导数的四则运算求导数，必须熟记基本初等函数的求导公式，在使用求导法则之前，先要对函数进行化简然后再求导，可简化计算．

【例8】 求下列函数的导数：

（1）$y = \sin^2(1 + \sqrt{x})$；　　　　（2）$y = \ln \ln \ln x$；

（3）$y = \sin[\cos^2(x^3 + x)]$；　　　　（4）$y = \arctan \ln x$．

【解】（1）将函数 $y = \sin^2(1 + \sqrt{x})$ 分解成基本初等函数 $y = u^2$，$u = \sin v$，$v = 1 + \sqrt{x}$，所

以有

$$\frac{\mathrm{d}y}{\mathrm{d}x} = \frac{\mathrm{d}y}{\mathrm{d}u} \cdot \frac{\mathrm{d}u}{\mathrm{d}v} \cdot \frac{\mathrm{d}v}{\mathrm{d}x} = 2u\cos v \frac{1}{2\sqrt{x}} = \sin(1+\sqrt{x})\cos(1+\sqrt{x}) \cdot \frac{1}{\sqrt{x}} = \frac{1}{2\sqrt{x}}\sin 2(1+\sqrt{x})$$

说明：复合函数求导法则是求导法的核心，在运用复合函数求导法则求复合函数的导数时，首先要分清复合函数是由哪些简单函数复合而成的，这是正确使用复合函数求导法则的关键；其次是"由表及里，逐层求导"．在使用时可以写出中间变量再求导，也可以不写出中间变量直接求导．

（2） $y' = (\ln\ln\ln x)'$

$$= \frac{1}{\ln\ln x}(\ln\ln x)'$$

$$= \frac{1}{\ln\ln x} \cdot \frac{1}{\ln x}(\ln x)'$$

$$= \frac{1}{x\ln x\ln\ln x}$$

（3） $y' = \cos\left[\cos^2(x^3+x)\right]\left[\cos^2(x^3+x)\right]'$

$$= \cos\left[\cos^2(x^3+x)\right]2\left[\cos(x^3+x)\right]\left[\cos(x^3+x)\right]'$$

$$= \cos\left[\cos^2(x^3+x)\right]2\left[\cos(x^3+x)\right]\left[-\sin(x^3+x)\right](x^3+x)'$$

$$= \cos\left[\cos^2(x^3+x)\right]2\left[\cos(x^3+x)\right]\left[-\sin(x^3+x)\right](3x^2+1)$$

$$= -(3x^2+1)\left[\sin 2(x^3+x)\right]\cos\left[\cos^2(x^3+x)\right]\left[\cos(x^3+x)\right]$$

（4） $y' = (\arctan\ln x)' = \frac{1}{1+\ln^2 x}(\ln x)' = \frac{1}{x(1+\ln^2 x)}$

【例 9】 求由方程所确定的隐函数 $y(x)$ 的导数 $\dfrac{\mathrm{d}y}{\mathrm{d}x}$ ．

（1） $x^3 + y^3 - \sin 3x + 6y = 0$ ； （2） $y^x = x^y$ ．

【解】（1）**解法一：**方程两边同时对 x 求导，得 $3x^2 + 3y^2 y' - 3\cos 3x + by' = 0$
解得

$$y' = \frac{\cos 3x - x^2}{y^2 + 2}$$

解法二：方程两边同时微分，得 $3x^2\mathrm{d}x + 3y^2\mathrm{d}y - 3\cos 3x\mathrm{d}x + 6\mathrm{d}y = 0$
解得

$$\mathrm{d}y = \frac{\cos 3x - x^2}{y^2 + 2}\mathrm{d}x，故 \frac{\mathrm{d}y}{\mathrm{d}x} = \frac{\cos 3x - x^2}{y^2 + 2}$$

说明：这是隐函数求导法．由方程 $F(x,y) = 0$ 所确定的函数 $y = y(x)$ 的求导方法有两种：一是方程两边同时对 x 求导，注意需要把 y 视为 x 的函数，按照复合函数求导法则把 y 视为中间变量进行求导；二是利用一阶微分形式不变性，对方程两边求微分，然后解出 $\dfrac{\mathrm{d}y}{\mathrm{d}x}$ ．

（2）等式两边取对数， $x\ln y = y\ln x$ ，两边对 x 同时求导，注意到 y 是 x 的函数，得

$$\ln y + \frac{x}{y}y' = y'\ln x + \frac{y}{x}, \quad y'\left(\frac{x}{y} - \ln x\right) = \frac{y}{x} - \ln y$$

解得

$$y' = \frac{\dfrac{y}{x} - \ln y}{\dfrac{x}{y} - \ln x} = \frac{y^2 - xy\ln y}{x^2 - xy\ln x}$$

【例 10】 求曲线 $\begin{cases} x = \cos t \\ y = \sin \dfrac{t}{2} \end{cases}$ 在 $t = \dfrac{\pi}{3}$ 处的法线方程.

【解】 由参数方程求导公式，得

$$\frac{\mathrm{d}y}{\mathrm{d}x} = \frac{\dfrac{\mathrm{d}y}{\mathrm{d}t}}{\dfrac{\mathrm{d}x}{\mathrm{d}t}} = \frac{\left(\sin\dfrac{t}{2}\right)'}{(\cos t)'} = \frac{\dfrac{1}{2}\cos\dfrac{t}{2}}{-\sin t} = \frac{\dfrac{1}{2}\cos\dfrac{t}{2}}{-2\sin\dfrac{t}{2}\cos\dfrac{t}{2}} = -\frac{1}{4\sin\dfrac{t}{2}}$$

$$\frac{\mathrm{d}y}{\mathrm{d}x}\bigg|_{t=\frac{\pi}{3}} = -\frac{1}{4\sin\dfrac{\pi}{6}} = -\frac{1}{2}$$

当 $t = \dfrac{\pi}{3}$ 时，$x = \dfrac{1}{2}$，$y = \dfrac{1}{2}$.

在点 $\left(\dfrac{1}{2}, \dfrac{1}{2}\right)$ 处的法线方程为 $y - \dfrac{1}{2} = 2\left(x - \dfrac{1}{2}\right)$，即 $4x - 2y - 1 = 0$.

说明：由参数方程确定的函数的导数 $\dfrac{\mathrm{d}y}{\mathrm{d}x} = \dfrac{\mathrm{d}y}{\mathrm{d}t} \cdot \dfrac{\mathrm{d}t}{\mathrm{d}x} = \dfrac{\dfrac{\mathrm{d}y}{\mathrm{d}t}}{\dfrac{\mathrm{d}x}{\mathrm{d}t}} = \dfrac{y'(t)}{x'(t)}$.

【例 11】 利用对数求导法求下列函数的导数：

（1） $y = \dfrac{\sqrt{2x+1}}{(x^2+1)^2 \mathrm{e}^{\sqrt{x}}}$；　　　　（2） $y = (\sin x)^{\cos x}$　$(\sin x > 0)$.

【解】（1）两边同时取对数，得

$$\ln y = \frac{1}{2}\ln(2x+1) - 2\ln(x^2+1) - \sqrt{x}$$

等式两边同时求导，得

$$\frac{1}{y}y' = \frac{1}{2x+1} - \frac{4x}{x^2+1} - \frac{1}{2\sqrt{x}}$$

所以

$$y' = \frac{\sqrt{2x+1}}{(x^2+1)^2 \mathrm{e}^{\sqrt{x}}}\left(\frac{1}{2x+1} - \frac{4x}{x^2+1} - \frac{1}{2\sqrt{x}}\right)$$

（2）两边同时取对数，得

$$\ln y = (\cos x) \ln \sin x$$

等式两边同时求导，得

$$\frac{1}{y} y' = (-\sin x) \ln \sin x + \cos x \frac{1}{\sin x} (\sin x)'$$

$$y' = y \left[(-\sin x) \ln \sin x + \cos^2 x \frac{1}{\sin x} \right]$$

即

$$y' = (\sin x)^{\cos x} [(-\sin x) \ln \sin x + \cos x \cot x]$$

说明： 这是对数求导法. 当函数表达是多项式的积、商、幂，或者函数为幂指函数时，通常应用对数求导法，通过先对函数取对数再求导来简化计算.

【**例 12**】　若函数 $\varphi(x) = a^{f^2(x)}$，且 $f'(x) = \dfrac{1}{f(x) \ln a}$，求 $\varphi'(x)$.

【**解**】　$\varphi'(x) = a^{f^2(x)} [f^2(x)]' \ln a = 2a^{f^2(x)} f(x) f'(x) \ln a$

$$= 2a^{f^2(x)} (\ln a) \cdot f(x) \frac{1}{f(x) \ln a} = 2a^{f^2(x)} = 2\varphi(x)$$

【**例 13**】　设 f，φ 可导，求下列函数的导数：

（1）$y = \ln f(\mathrm{e}^x)$；　　　　　　（2）$y = f(\mathrm{e}^x \sin x)$.

【**解**】　（1）$y' = [\ln f(\mathrm{e}^x)]'$

$$= \frac{1}{f(\mathrm{e}^x)} [f(\mathrm{e}^x)]'$$

$$= \frac{1}{f(\mathrm{e}^x)} f'(\mathrm{e}^x) (\mathrm{e}^x)'$$

$$= \frac{\mathrm{e}^x}{f(\mathrm{e}^x)} f'(\mathrm{e}^x)$$

（2）$y' = [f(\mathrm{e}^x \sin x)]' = f'(\mathrm{e}^x \sin x)(\mathrm{e}^x \sin x)'$

$$= f'(\mathrm{e}^x \sin x)(\mathrm{e}^x \sin x + \mathrm{e}^x \cos x)$$

说明： $[f(g(x))]'$ 与 $f'[g(x)]$ 不同，前者是对 x 求导，后者是对 $g(x)$ 求导.

【**例 14**】　求函数 $y = x^2 \sin \dfrac{1-x}{x}$ 的微分 $\mathrm{d}y$.

【**解**】　解法一：$\dfrac{\mathrm{d}y}{\mathrm{d}x} = 2x \sin \dfrac{1-x}{x} + x^2 \cos \dfrac{1-x}{x} \left(\dfrac{1-x}{x} \right)'$

$$= 2x \sin \frac{1-x}{x} + x^2 \cos \frac{1-x}{x} \left(-\frac{1}{x^2} \right)$$

$$= 2x \sin \frac{1-x}{x} - \cos \frac{1-x}{x}$$

所以

$$\mathrm{d}y = \left(2x \sin \frac{1-x}{x} - \cos \frac{1-x}{x} \right) \mathrm{d}x$$

解法二：利用微分运算法则，得

$$dy = \sin\frac{1-x}{x}dx^2 + x^2d\left(\sin\frac{1-x}{x}\right) = 2x\sin\frac{1-x}{x}dx + x^2\cos\frac{1-x}{x}d\left(\frac{1-x}{x}\right)$$

$$= 2x\sin\frac{1-x}{x}dx + x^2\cos\frac{1-x}{x}\left(-\frac{1}{x^2}\right)dx = \left(2x\sin\frac{1-x}{x} - \cos\frac{1-x}{x}\right)dx$$

说明：求函数的微分时，可以先求函数的导数 $f'(x)$，然后写出微分 $dy = f'(x)dx$；也可以应用一阶微分形式不变性来求微分.

【例 15】 求下列函数的高阶导数：

（1）$y = \ln(1-x^2)$，求 f''；

（2）$f(x) = e^{-2x}$，求 $f'''(0)$；

（3）$y = \ln x$，求 $y^{(n)}$.

【解】（1）$y' = \dfrac{1}{1-x^2}(1-x^2)' = \dfrac{-2x}{1-x^2}$

$$y'' = \left(\frac{-2x}{1-x^2}\right)' = \frac{-2(1-x^2)-(-2x)(-2x)}{(1-x^2)^2} = \frac{-2-2x^2}{(1-x^2)^2}$$

（2）$f'(x) = -2e^{-2x}$，$f''(x) = -2(-2)e^{-2x} = 4e^{-2x}$，$f'''(x) = 4(-2)e^{-2x} = -8e^{-2x}$，故

$$f'''(0) = -8$$

（3）$y' = x^{-1}$，$y'' = -x^{-2}$，$y''' = (-1)(-2)x^{-3} = 2!x^{-3}$

依此类推 $y^{(n)} = (-1)^{n-1}(n-1)!x^{-n}$.

【例 16】 讨论 $f(x) = \begin{cases} 1, & x \leqslant 0 \\ 2x+1, & 0 < x \leqslant 1 \\ x^2+2, & 1 < x \leqslant 2 \\ x, & 2 < x \end{cases}$ 在 $x=0$，$x=1$，$x=2$ 处的可导性，并求出 $f'(x)$.

【解】 分段函数在各部分区间连续可导，下面讨论在各分段点处的导数：

（1）讨论 $x=0$ 处的可导性：

$$f'_-(0) = \lim_{x \to 0^-}\frac{f(x)-f(0)}{x-0} = \lim_{x \to 0^-}\frac{1-1}{x} = 0$$

$$f'_+(0) = \lim_{x \to 0^+}\frac{f(x)-f(0)}{x-0} = \lim_{x \to 0^-}\frac{2x}{x} = 2$$

$f'_-(0) \neq f'_+(0)$，故 $f(x)$ 在 $x=0$ 处不可导.

（2）讨论 $x=1$ 处的可导性：

$$f'_-(1) = \lim_{x \to 1^-}\frac{f(x)-f(1)}{x-1} = \lim_{x \to 1^-}\frac{2x+1-3}{x-1} = \lim_{x \to 1^-}\frac{2(x-1)}{x-1} = 2$$

$$f'_+(1) = \lim_{x \to 1^+}\frac{f(x)-f(1)}{x-1} = \lim_{x \to 1^+}\frac{x^2+2-3}{x-1} = \lim_{x \to 1^+}\frac{(x-1)(x+1)}{x-1} = 2$$

$f'_-(1) = f'_+(1)$，故 $f(x)$ 在 $x=1$ 处可导.

（3）讨论 $x=2$ 处的可导性：

$$f'_-(2) = \lim_{x \to 2^-}\frac{f(x)-f(2)}{x-2} = \lim_{x \to 2^-}\frac{x^2+2-6}{x-2} = \lim_{x \to 2^-}\frac{x^2-4}{x-2} = 4$$

$$f'_+(2) = \lim_{x \to 2^+} \frac{f(x) - f(2)}{x - 2} = \lim_{x \to 2^+} \frac{x - 6}{x - 2} = -\infty$$

$f'_+(2)$ 不存在，故 $f(x)$ 在 $x = 2$ 处不可导.

综上得

$$f'(x) = \begin{cases} 0, & x < 0 \\ 2, & 0 < x \leqslant 1 \\ 2x, & 1 < x < 2 \\ 1, & x > 2 \end{cases}$$

说明：分段函数求导数的步骤.

（1）在各个部分区间内，用导数公式与运算法则求导数.

（2）在分段点处，用导数定义直接求 $f'(x_0)$，或先求 $f'_-(x_0)$ 和 $f'_+(x_0)$，再确定 $f'(x_0)$ 是否存在.

【例 17】 设 $f(x) = x(x-1)(x-2) \cdots (x-99)$，求 $f'(0)$.

【解】 设 $u = (x-1)(x-2) \cdots (x-99)$，则

$$f(x) = xu, \quad f'(x) = u + xu'$$

故

$$f'(0) = u \big|_{x=0} = (0-1)(0-2) \cdots (0-99) = -99!$$

【例 18】 若以 $10 \text{ cm}^3/\text{s}$ 的速率给一个球形气球充气，那么当气球半径为 2 cm 时，它的表面积增加有多快？

【解】 球体的体积公式 $V = \dfrac{4}{3}\pi R^3$，球体的表面积公式 $S = 4\pi R^2$.

因为 $\dfrac{\mathrm{d}V}{\mathrm{d}t} = 4\pi R^2 \dfrac{\mathrm{d}R}{\mathrm{d}t}$，由 $\dfrac{\mathrm{d}V}{\mathrm{d}t} = 10$，$R = 2$，得 $\dfrac{\mathrm{d}R}{\mathrm{d}t} = \dfrac{10}{4\pi \cdot 2^2} = \dfrac{5}{8\pi}$，又

$$\frac{\mathrm{d}S}{\mathrm{d}t} = 8\pi R \cdot \frac{\mathrm{d}R}{\mathrm{d}t} = 8\pi \cdot 2 \cdot \frac{5}{8\pi} = 10 \ (\text{cm}^2/\text{s})$$

故它的表面积以 $10 \text{ cm}^2/\text{s}$ 的速率增加.

【例 19】 水管壁的正截面是一个圆环，设它的内径为 R_0，壁厚为 h，用微分计算这个圆环面积的近似值.

【解】 由 $f(x_0 + \Delta x) - f(x_0) \approx f'(x_0)\Delta x$，得圆环面积为

$$\Delta S = \pi(R_0 + h)^2 - \pi R_0^2 \approx (\pi R^2)' \big|_{R = R_0} \Delta R \approx 2\pi R_0 \Delta R$$

其中 $\Delta R = h$，故 $\Delta S \approx 2\pi R_0 h$，即圆环面积的近似值为 $2\pi R_0 h$.

【例 20】 证明：（1）可导的偶函数的导数是奇函数.

（2）可导的奇函数的导数是偶函数.

【证明】 设 $f(x)$ 是可导函数，若 $f(x)$ 是偶函数，则有

$$f(-x) = f(x)$$

两端对 x 求导，$f'(-x) \cdot (-1) = f'(x)$，即 $f'(-x) = -f'(x)$，所以 $f'(x)$ 为奇函数.

同理可证，当 $f(x)$ 为奇函数时，$f'(x)$ 为偶函数.

【例 21】 求下列各数的近似值：

（1）$\arctan 1.02$；　　（2）$\mathrm{e}^{1.01}$.

【解】 （1）设 $f(x) = \arctan x$，则 $f'(x) = \dfrac{1}{1+x^2}$．取 $x_0 = 1$，$\Delta x = 0.02$，则 $f(x_0 + \Delta x) = \arctan 1.02$，得

$$\arctan 1.02 \approx f(1) + f'(1) \cdot \Delta x = \arctan 1 + \frac{1}{1+1^2} \times 0.02 = \frac{\pi}{4} + 0.01 \approx 0.795\,4$$

（2）设 $f(x) = \mathrm{e}^x$，则 $f'(x) = \mathrm{e}^x$．取 $x_0 = 1$，$\Delta x = 0.01$，则 $f(x_0 + \Delta x) = \mathrm{e}^{1.01}$，得

$$\mathrm{e}^{1.01} \approx f(1) + f'(1) \cdot \Delta x = \mathrm{e} + \mathrm{e} \times 0.01 \approx 2.745\,5$$

四、复 习 题 二

1．是非题

（1）设 $f(x) = \begin{cases} \dfrac{2}{3}x^3, & x \leqslant 1 \\ x^2, & x > 1 \end{cases}$，则 $f(x)$ 在 $x = 1$ 处左导数存在，但右导数不存在．（　　　）

（2）曲线 $y = 2x^3 - 5x^2 + 4x - 5$ 上，点 $(2, -1)$ 处的法线方程是 $x - 8y - 10 = 0$．（　　　）

（3）设 $f(x) = \begin{cases} \dfrac{|x^2 - 1|}{x - 1}, & x \neq 1 \\ 2, & x = 1 \end{cases}$，则在 $x = 1$ 处连续，但不可导．（　　　）

（4）设 $\begin{cases} x = \dfrac{1 - t^2}{1 + t^2} \\ y = \dfrac{2t}{1 + t^2} \end{cases}$，则 $\dfrac{\mathrm{d}y}{\mathrm{d}x} = \dfrac{t^2 - 1}{2t}$．（　　　）

（5）设 $f(x)$ 是可导函数，Δx 是自变量在点 x 处的增量，则 $\lim\limits_{\Delta x \to 0} \dfrac{f^2(x + \Delta x) - f^2(x)}{\Delta x} = 2f'(x)$．
（　　　）

2．求下列函数的导数：

（1）$y = \mathrm{e}^{\sin\frac{1}{x}}$；

（2）$y = \sin\sqrt{1 + x^2}$；

（3）$y = (\ln x)^x$；

（4）$y = \sqrt[3]{\dfrac{x(x^2 + 2)}{\mathrm{e}^x + x}}$；

（5）$y = \arctan x^3$；

（6）$y = \ln\sqrt{\dfrac{1 - x}{\arccos x}}$；

（7）$y = \arctan x - \dfrac{a}{2}\ln(x^2 + a^2)$；

（8）已知 $\begin{cases} x = \dfrac{t}{1 + t} \\ y = \dfrac{1 - t}{1 + t} \end{cases}$　$(t > 0)$，求 $\dfrac{\mathrm{d}y}{\mathrm{d}x}$；

（9）$y = \left(\cos\dfrac{x}{2} - \sin\dfrac{x}{2}\right)^2$；

（10）求由方程 $2^{xy} = x + y$ 所确定的隐函数在 $x = 0$ 处的导数.

3．求下列函数的高阶导数：

（1）$y = (1+x)\ln(1+x) + 2^x$，求 y''；　　　　（2）$x^4 + y^4 = 16$，求 y''；

（3）$f(x) = \dfrac{1}{x(1-x)}$，求 $f^n(x)$；　　　　（4）$y = \ln(f(x))$，求 y''.

4．综合应用题

（1）设 $f(x) = \begin{cases} \mathrm{e}^{2x} + b, & x \leqslant 0 \\ \sin ax, & x > 0 \end{cases}$，求 a，b，使 $f(x)$ 在 $x = 0$ 处可导.

（2）求曲线 $y = \mathrm{e}^{2x} + \left(\dfrac{1}{2}x + 1\right)^2$ 上点 $(0, 2)$ 处的切线和法线方程.

五、复习题二答案

1．（1）√　　（2）×　　（3）×　　（4）√　　（5）×

2．（1）$-\dfrac{1}{x^2}\cos\dfrac{1}{x}\mathrm{e}^{\sin\frac{1}{x}}$　　　　　　（2）$\dfrac{x\cos\sqrt{1+x^2}}{\sqrt{1+x^2}}$

（3）$(\ln x)^x\left(\ln\ln x + \dfrac{1}{\ln x}\right)$　　　　（4）$\dfrac{1}{3}\sqrt[3]{\dfrac{x(x^2+2)}{\mathrm{e}^x + x}}\left[\dfrac{1}{x} + \dfrac{2x}{x^2+2} - \dfrac{\mathrm{e}^x+1}{\mathrm{e}^x+x}\right]$

（5）$\dfrac{3x^2}{1+x^6}$　　　　　　　　　　（6）$\dfrac{1}{2}\left[\dfrac{1}{\sqrt{1-x^2}\arccos x} - \dfrac{1}{1-x}\right]$

（7）$\dfrac{1}{1+x^2} - \dfrac{ax}{x^2+a^2}$　　　　　（8）-2

（9）$-\cos x$　　　　　　　　　　（10）$\ln 2 - 1$

3．（1）$\dfrac{1}{1+x} + 2^x(\ln 2)^2$　　　　　（2）$-\dfrac{48x^2}{y^7}$

（3）$n!\left[\dfrac{(-1)^n}{x^{n+1}} + \dfrac{1}{(1-x)^{n+1}}\right]$　　　（4）$\dfrac{f''(x)\cdot f(x) - [f'(x)]^2}{f^2(x)}$

4．（1）$a = 2$，$b = -1$

（2）$y' = 2\mathrm{e}^{2x} + \dfrac{1}{2}x + 1$，$y'|_{x=0} = 3$

切线方程为 $3x - y + 2 = 0$，法线方程为 $x + 3y - 6 = 0$.

六、自 测 题 二

（总分 100 分，时间 100 分钟）

1．填空题（每小题 2 分，共 10 分）

（1）设 $f(x)$ 在点 x_0 可导，则 $\lim\limits_{\Delta x \to 0}\dfrac{f(x_0 - 2\Delta x) - f(x_0)}{\Delta x} = $ _____.

（2）设 $f(x) = x(x+1)(2x+1)$，则 $f'(0) =$ _____.

（3）设 $f\left(\dfrac{1}{x}\right) = \dfrac{1}{1-x}$，则 $f'(x) =$ _____.

（4）若 $f(u)$ 可导，且 $y = f(2^x)$，则 $\mathrm{d}y =$ _____.

（5）曲线 $y = x^3 - 3x$ 上切线平行于 x 轴的点为_____.

2．单选题（每小题 2 分，共 10 分）

（1）设 $f(x)$ 在 $x = x_0$ 附近有定义，且 $\lim\limits_{h \to 0} \dfrac{f(x_0 - 3h) - f(x_0)}{h} = 1$，则 $f'(x_0) = ($　　$)$.

    A．$-\dfrac{1}{3}$ B．-2

    C．1 D．$\dfrac{1}{3}$

（2）若 $f(x) = \ln(1+2x)$，则 $f'(0) = ($　　$)$.

    A．-2 B．2

    C．$\dfrac{1}{2}$ D．$-\dfrac{1}{2}$

（3）下列函数中，在 $x = -1$ 处连续，但不可导的是（　　）.

    A．$y = \dfrac{1}{x+1}$ B．$y = |x+1|$

    C．$y = \ln(x^2 + 1)$ D．$y = (x+1)^2$

（4）曲线 $\begin{cases} x = \cos t \\ y = \sin 2t \end{cases}$ 在 $t = \dfrac{\pi}{6}$ 处的切线方程是（　　）.

    A．$2x - 4y + 1 = 0$ B．$4x + 2y + 3\sqrt{3} = 0$

    C．$2x + 4y - 3 = 0$ D．$4x + 2y - 3\sqrt{3} = 0$

（5）$\dfrac{\mathrm{d}\sin x}{\mathrm{d}(x^2)} = ($　　$)$.

    A．$\cos x$ B．$1 - \sin x$

    C．$\dfrac{\cos x}{2}$ D．$\dfrac{\cos x}{2x}$

3．计算题（每小题 5 分，共 60 分）

（1）求下列函数的导数：（25 分）

① $y = \sin x \ln(x^2 + x)$；   ② $y = \sqrt{\ln x + \sqrt{\ln \sqrt{x}}}$；

③ $y = \mathrm{e}^{\sin^2 x}$；   ④ $y = \dfrac{1}{2}\arctan \sqrt{x}$；   ⑤ $y = \tan^3(2x)$.

（2）求下列函数的高阶导数：（20 分）

① 设 $y = \dfrac{1}{x^2 - 2x - 3}$，求 y''；

② 设 $y = x^2 \sin x$，求 y''；

③ $y = \arcsin \dfrac{x}{\sqrt{1+x^2}}$，求 $y''(1)$；

④ $y = f(\sin^2 x)$，求 y''.

（3）已知 $\begin{cases} x = a(t - \sin t) \\ y = a(1 - \cos t) \end{cases}$，求 $\dfrac{dy}{dx}$.（5分）

（4）已知 $\sin y + e^x - xy^2 = 0$，求 $\dfrac{dy}{dx}$.（5分）

（5）设 $y = f(\ln x)e^{f(x)}$，其中 f 可微，求 dy.（5分）

4. 综合应用题（每题 10 分，共 20 分）

（1）已知曲线 $y = x^3 + bx^2 + cx$，通过点 $(-1, -4)$，且在横坐标 $x = 1$ 的点处具有水平切线，求 b、c 及曲线的方程.

（2）讨论 $f(x) = \begin{cases} x \arctan \dfrac{1}{x}, & x \neq 0 \\ 0, & x = 0 \end{cases}$ 在点 $x = 0$ 处的连续性和可导性.

七、自测题二答案

1. （1）$-2f'(x_0)$　（2）1　（3）$\dfrac{-1}{(x-1)^2}$　（4）$f'(2^x)2^x \ln 2 dx$　（5）$(1, -2)$ 和 $(-1, 2)$

2. （1）A　（2）B　（3）B　（4）D　（5）D

3. （1）① $y' = \cos x \ln(x^2 + x) + \dfrac{2x+1}{x^2+x} \sin x$

② $y' = \dfrac{1}{2\sqrt{\ln x + \sqrt{\ln x}}} \left(\dfrac{1}{x} + \dfrac{1}{4x\sqrt{\ln \sqrt{x}}} \right)$

③ $y' = e^{\sin^2 x} \sin 2x$

④ $y' = \dfrac{1}{4\sqrt{x}(1+x)}$

⑤ $y' = 6\tan^2 2x \cdot \sec^2 2x$

（2）① $y^n = \dfrac{1}{4} \cdot \dfrac{(-1)^n n!}{(x-3)^{n+1}} - \dfrac{1}{4} \cdot \dfrac{(-1)^n n!}{4(x+1)^{n+1}}$

② $y'' = 2\sin x + 4x\cos x - x^2 \sin x$

③ $y''(1) = -\dfrac{1}{2}$

④ $y'' = \sin^2(2x)f''(\sin^2 x) + 2\cos(2x)f'(\sin^2 x)$

（3）$\dfrac{dy}{dx} = \dfrac{\sin t}{1 - \cos t}$

（4）$\dfrac{dy}{dx} = \dfrac{y^2 - e^x}{\cos y - 2xy}$

（5） $dy = e^{f(x)} \left[\dfrac{1}{x} f'(\ln x) + f'(x) f(\ln x) \right] dx$

4. （1） $b=-2$，$c=1$； $y = x^3 - 2x^2 + x$

（2） $\lim\limits_{x \to 0} f(x) = \lim\limits_{x \to 0} x \arctan x = 0 = f(0)$， $f'_-(0) = -\dfrac{\pi}{2} \neq f'_+(0) = \dfrac{\pi}{2}$

故 $f(x)$ 在 $x = 0$ 处连续但不可导.

第三章

导数的应用学习指导

一元函数微分学在经济等领域有着广泛的应用，微分中值定理给出了函数及其导数之间的联系，是微分学的基本定理．本章以导数为工具，以微分中值定理为理论基础，研究函数的单调性、极值、最值，函数的凹向及拐点，并应用导数解决经济中的边际、弹性及最优经济量等问题．

一、教 学 要 求

1．了解罗尔中值定理、拉格朗日中值定理，并会应用拉格朗日中值定理证明不等式．

2．熟练掌握洛必达法则求"$\frac{0}{0}$""$\frac{\infty}{\infty}$""$0 \cdot \infty$""$\infty \cdot \infty$""1^{∞}""0^{0}""∞^{0}"七种未定式的极限方法．

3．掌握利用导数判定函数的单调性及函数单调区间的方法，会利用函数的增减性证明简单的不等式．

4．理解函数极值的概念，掌握求函数的极值和最值的方法，并会求简单的几何应用问题．

5．会判定曲线的凹向，会求曲线的拐点及渐近线．

6．了解常用经济函数，掌握导数在经济分析中的应用（边际分析、弹性分析最优经济量的求法）．

重点：利用洛必达法则求未定式的极限；利用导数判定函数的单调性与极值、凹向及拐点；导数的经济应用．

难点：应用拉格朗日中值定理证明不等式；经济应用中的边际分析、弹性分析．

二、学 习 要 求

1．牢记中值定理成立的条件，并恰当引入辅助函数．

2．应用洛必达法则求极限时应注意使用的条件，每次运用洛必达法则之前一定要检验是否是未定式的极限，然后转化为 $\dfrac{0}{0}$ 或 $\dfrac{\infty}{\infty}$ 型再计算.

3. 深刻理解驻点只是可导函数取得极值的必要条件，极值点可能是驻点也可能是导数不存在的点.

4. 边际函数即经济函数的导数 $f'(x)$，反映的是当 x 产生一个单位的改变时，$f(x)$ 改变 $f'(x)$ 个单位；弹性函数 $\dfrac{Ey}{Ex}$ 表示当 x 产生 1% 的改变时，y 改变 $\dfrac{Ey}{Ex}\%$. 在解决实际问题时，应注重结合经济实例，理解所求值的正负的含义.

三、典型例题分析

【例1】 设 $f(x)=3x^2+2x+5$，求 $f(x)$ 在 $[a,b]$ 上满足拉格朗日中值定理的 ξ 值.

【解】 $f(x)$ 为多项式函数，在 $[a,b]$ 上满足拉格朗日中值定理的条件，故有
$$f(b)-f(a)=f'(\xi)(b-a)$$
即
$$(3b^2+2b+5)-(3a^2+2a+5)=(6\xi+2)(b-a)$$
由此解得 $\xi=\dfrac{b+a}{2}$，即此时 ξ 为区间 $[a,b]$ 的中点.

【例2】 应用拉格朗日中值定理证明下列不等式：

（1）当 $0<a<b$ 时，$\dfrac{b-a}{b}<\ln\dfrac{b}{a}<\dfrac{b-a}{a}$；

（2）当 $x>1$ 时，$\mathrm{e}^x>\mathrm{e}\cdot x$.

【证明】（1）设 $f(x)=\ln x$，则 $f(x)$ 在 $[a,b]$ 上满足拉格朗日中值定理的条件，故至少存在一点 $\xi\in(a,b)$，使得
$$\dfrac{f(b)-f(a)}{b-a}=f'(\xi)$$
即 $\dfrac{\ln b-\ln a}{b-a}=\dfrac{1}{\xi}$，因为 $\dfrac{1}{b}<\dfrac{1}{\xi}<\dfrac{1}{a}$，所以 $\dfrac{1}{b}<\dfrac{\ln b-\ln a}{b-a}<\dfrac{1}{a}$.

整理得 $\dfrac{b-a}{b}<\ln\dfrac{b}{a}<\dfrac{b-a}{a}$，得证.

（2）证法一：设 $f(u)=\mathrm{e}^u$，$u\in[1,x]$，容易验证 $f(u)$ 在 $[1,x]$ 上满足拉格朗日中值定理的条件.

存在 $\xi\in(1,x)$，使得
$$\dfrac{f(x)-f(1)}{x-1}=f'(\xi)$$
左端 $\dfrac{f(x)-f(1)}{x-1}=\dfrac{\mathrm{e}^x-\mathrm{e}}{x-1}$，右端 $f'(\xi)=\mathrm{e}^\xi>\mathrm{e}$，即 $\dfrac{\mathrm{e}^x-\mathrm{e}}{x-1}>\mathrm{e}$.

整理得，当 $x>1$ 时，$\mathrm{e}^x>\mathrm{e}\cdot x$，得证.

证法二：设 $f(u)=\ln u$，$u\in[1,x]$，容易验证 $f(u)$ 在 $[1,x]$ 上满足拉格朗日中值定理的条件.

存在 $\xi \in (1, x)$，使得

$$\frac{f(x)-f(1)}{x-1} = f'(\xi)$$

左端 $\dfrac{f(x)-f(1)}{x-1} = \dfrac{\ln x}{x-1}$，右端 $f'(\xi) = \dfrac{1}{\xi} < 1$，即 $\dfrac{\ln x}{x-1} < 1$，$\ln x < x-1$，$x < \mathrm{e}^{x-1} = \dfrac{1}{\mathrm{e}}\mathrm{e}^x$.

整理得，当 $x > 1$ 时，$\mathrm{e}^x > \mathrm{e} \cdot x$，得证.

【例3】 计算下列极限：

（1）$\displaystyle\lim_{x \to 0} \frac{\mathrm{e}^x - \mathrm{e}^{-x}}{\sin x}$；

（2）$\displaystyle\lim_{x \to 0} \frac{x - \arctan x}{\ln(1+x^3)}$；

（3）$\displaystyle\lim_{x \to +\infty} \frac{\ln x}{x^2}$；

（4）$\displaystyle\lim_{x \to 0} \frac{\tan x - x}{x - \sin x}$.

【解】 （1）$\displaystyle\lim_{x \to 0} \frac{\mathrm{e}^x - \mathrm{e}^{-x}}{\sin x} = \lim_{x \to 0} \frac{\mathrm{e}^x + \mathrm{e}^{-x}}{\cos x} = 2$

（2）$\displaystyle\lim_{x \to 0} \frac{x - \arctan x}{\ln(1+x^3)} = \lim_{x \to 0} \frac{1 - \dfrac{1}{1+x^2}}{\dfrac{1}{1+x^3} \cdot 3x^2} = \lim_{x \to 0} \frac{x^2}{1+x^2} \cdot \frac{1+x^3}{3x^2} = \lim_{x \to 0}\left(\frac{1}{3} \cdot \frac{1+x^3}{1+x^2}\right) = \frac{1}{3}$

（3）$\displaystyle\lim_{x \to +\infty} \frac{\ln x}{x^2} = \lim_{x \to +\infty} \frac{\dfrac{1}{x}}{2x} = \lim_{x \to +\infty} \frac{1}{2x^2} = 0$

（4）$\displaystyle\lim_{x \to 0} \frac{\tan x - x}{x - \sin x} = \lim_{x \to 0} \frac{\sec^2 x - 1}{1 - \cos x} = \lim_{x \to 0} \frac{\tan^2 x}{\dfrac{1}{2}x^2} = 2\lim_{x \to 0}\left(\frac{\tan x}{x}\right)^2 = 2$

说明： 洛必达法则主要解决 $\dfrac{0}{0}$、$\dfrac{\infty}{\infty}$ 型不定式极限，在应用洛必达法则时应注意以下几点：

（1）在使用洛必达法则前，先要判断所求极限是否满足洛必达法则条件，即判断所求极限是否为 $\dfrac{0}{0}$、$\dfrac{\infty}{\infty}$ 型未定式，是这两种类型方可使用.

（2）当应用一次洛必达法则之后仍为 $\dfrac{0}{0}$、$\dfrac{\infty}{\infty}$ 型未定式时，可以继续使用洛必达法则，直到求出极限值或得出不符合法则条件时为止；使用后所得极限不存在（不包括极限为 ∞）时，不能肯定原极限不存在，此时洛必达法则失效，应改用其他方法求极限.

（3）使用洛必达法则求极限时，应及时对所求极限进行简化，表达式中有极限存在的因式可以暂时用极限运算法则将其分离出来，只要最终极限存在，这种处理方法就是可行的.

（4）洛必达法则应尽量和其他求极限的方法（四则运算、无穷小性质、重要极限、连续性等）结合使用，才能更好地发挥其作用.

【例4】 计算下列极限：

（1）$\displaystyle\lim_{x \to +\infty} x^n \mathrm{e}^{-ax}$（$a > 0$，$n$ 为自然数）；

（2）$\displaystyle\lim_{x \to \frac{\pi}{2}}(\sec x - \tan x)$；

（3）$\displaystyle\lim_{x \to 0^+} x^{\sin x}$；

（4）$\displaystyle\lim_{x \to +\infty}\left(\frac{2}{\pi}\arctan x\right)^x$；

（5）$\displaystyle\lim_{x \to +\infty}(x + 2^x)^{\frac{1}{x}}$.

【解】（1）$\lim\limits_{x \to +\infty} x^n e^{-ax} = \lim\limits_{x \to +\infty} \dfrac{x^n}{e^{ax}} = \lim\limits_{x \to +\infty} \dfrac{nx^{n-1}}{ae^{ax}} = \lim\limits_{x \to +\infty} \dfrac{n(n-1)x^{n-2}}{a^2 e^{ax}} = \cdots$

$$= \dfrac{n!}{a^n} \lim\limits_{x \to +\infty} \dfrac{1}{e^{ax}} = 0 \quad (a>0,\ n \text{ 为自然数})$$

（2）$\lim\limits_{x \to \frac{\pi}{2}} (\sec x - \tan x) = \lim\limits_{x \to \frac{\pi}{2}} \left(\dfrac{1}{\cos x} - \dfrac{\sin x}{\cos x} \right) = \lim\limits_{x \to \frac{\pi}{2}} \dfrac{1 - \sin x}{\cos x} = \lim\limits_{x \to \frac{\pi}{2}} \dfrac{-\cos x}{-\sin x} = 0$

（3）因为 $x^{\sin x} = e^{\ln x \sin x}$，而

$$\lim\limits_{x \to 0^+} \ln x^{\sin x} = \lim\limits_{x \to 0^+} \sin x \cdot \ln x = \lim\limits_{x \to 0^+} \dfrac{\ln x}{\csc x} = \lim\limits_{x \to 0^+} \dfrac{x^{-1}}{-\csc x \cot x} = -\lim\limits_{x \to 0^+} \dfrac{\sin^2 x}{x \cos x}$$

$$= -\lim\limits_{x \to 0^+} \dfrac{\sin x}{x} \cdot \lim\limits_{x \to 0^+} \dfrac{\sin x}{\cos x} = -1 \times 0 = 0$$

所以

$$\lim\limits_{x \to 0^+} x^{\sin x} = e^{\lim\limits_{x \to 0^+} \ln x \cdot \sin x} = e^0 = 1$$

（4）因为 $\left(\dfrac{2}{\pi} \arctan x \right)^x = e^{\ln \left(\frac{2}{\pi} \arctan x \right)^x}$，而

$$\lim\limits_{x \to +\infty} x \ln \left(\dfrac{2}{\pi} \arctan x \right) = \lim\limits_{x \to +\infty} \dfrac{\ln \dfrac{2}{\pi} + \ln \arctan x}{\dfrac{1}{x}} = \lim\limits_{x \to +\infty} \dfrac{\dfrac{1}{\arctan x} \cdot \dfrac{1}{1 + x^2}}{-\dfrac{1}{x^2}}$$

$$= \lim\limits_{x \to +\infty} \dfrac{1}{\arctan x} \cdot \dfrac{-x^2}{1 + x^2} = -\dfrac{2}{\pi}$$

所以

$$\lim\limits_{x \to +\infty} \left(\dfrac{2}{\pi} \arctan x \right)^x = e^{\lim\limits_{x \to +\infty} x \ln \left(\frac{2}{\pi} \arctan x \right)} = e^{-\frac{2}{\pi}}$$

（5）因为 $(x + 2^x)^{\frac{1}{x}} = e^{\frac{1}{x} \ln(x + 2^x)}$，而

$$\lim\limits_{x \to +\infty} \ln(x + 2^x)^{\frac{1}{x}} = \lim\limits_{x \to +\infty} \dfrac{1}{x} \ln(x + 2^x) = \lim\limits_{x \to +\infty} \dfrac{\ln(x + 2^x)}{x}$$

$$= \lim\limits_{x \to +\infty} \dfrac{1}{x + 2^x} \cdot (1 + 2^x \ln 2) = \lim\limits_{x \to +\infty} \dfrac{2^x \cdot \ln 2 \cdot \ln 2}{1 + 2^x \cdot \ln 2}$$

$$= \lim\limits_{x \to +\infty} \dfrac{2^x \cdot \ln 2 \cdot (\ln 2)^2}{2^x \cdot (\ln 2)^2} = \ln 2$$

所以

$$\lim\limits_{x \to +\infty} (x + 2^x)^{\frac{1}{x}} = e^{\lim\limits_{x \to \infty} \frac{1}{x} \ln(x + 2^x)} = e^{\ln 2} = 2$$

说明： 对于 $\infty - \infty$、$0 \cdot \infty$ 型未定式，经过对极限表达式的适当变形可以化为 $\dfrac{0}{0}$ 或 $\dfrac{\infty}{\infty}$ 型未定式，对于由 $f(x)^{g(x)}$ 产生的 0^0、1^∞、∞^0 型未定式，可以通过对 $f(x)^{g(x)}$ 取对数化为 $0 \cdot \infty$ 型

未定式，然后再转化为 $\dfrac{0}{0}$ 或 $\dfrac{\infty}{\infty}$ 型未定式计算.

【例5】 计算下列极限：

（1）$\lim\limits_{x\to 0}\dfrac{1-\cos x^2}{x^2\sin^2 x}$ ；　　（2）$\lim\limits_{x\to 0}\dfrac{\mathrm{e}^{-\frac{1}{x^2}}}{x}$ ；　　（3）$\lim\limits_{x\to\infty}\dfrac{3\sin x+x}{\cos x+2x}$.

【解】（1）此题用洛必达法则求解，比较烦琐. 利用等价无穷小量代换，$\sin x\sim x$ ，再用洛必达法则更为简便.

$$\lim\limits_{x\to 0}\dfrac{1-\cos x^2}{x^2\sin^2 x}=\lim\limits_{x\to 0}\dfrac{1-\cos x^2}{x^4}=\lim\limits_{x\to 0}\dfrac{2x\sin x^2}{4x^3}=\dfrac{1}{2}\lim\limits_{x\to 0}\dfrac{\sin x^2}{x^2}=\dfrac{1}{2}$$

（2）此题若按照 $\dfrac{0}{0}$ 型未定式，用洛必达法则计算会越算越复杂，不能解决问题. 如果令 $\dfrac{1}{x}=t$ ，即 $x=\dfrac{1}{t}$ ，代入后将分式化为 $\dfrac{\infty}{\infty}$ 型，再用洛必达法则计算就简便得多.

$$\lim\limits_{x\to 0}\dfrac{\mathrm{e}^{-\frac{1}{x^2}}}{x}=\lim\limits_{t\to\infty}\dfrac{\mathrm{e}^{-t^2}}{\dfrac{1}{t}}=\lim\limits_{t\to\infty}\dfrac{t}{\mathrm{e}^{t^2}}=\lim\limits_{t\to\infty}\dfrac{1}{2t\mathrm{e}^{t^2}}=0$$

（3）此题虽为 $\dfrac{\infty}{\infty}$ 型，但不能用洛必达法则.

$$\lim\limits_{x\to\infty}\dfrac{3\sin x+x}{\cos x+2x}\xlongequal{x=\frac{1}{t}}\lim\limits_{t\to 0}\dfrac{3\sin\dfrac{1}{t}+\dfrac{1}{t}}{\cos\dfrac{1}{t}+\dfrac{2}{t}}=\lim\limits_{t\to 0}\dfrac{3t\sin\dfrac{1}{t}+1}{t\cos\dfrac{1}{t}+2}=\dfrac{1}{2}$$

若用洛必达法则 $\lim\limits_{x\to\infty}\dfrac{3\sin x+x}{\cos x+2x}=\lim\limits_{x\to\infty}\dfrac{3\cos x+1}{-\sin x+2}$ ，极限不存在.

【例6】 设 $f(x)=\dfrac{1+\sin x}{1-\sin x}$ ，问

（1）$\lim\limits_{x\to 0}f(x)$ 是否存在？

（2）能否由洛必达法则求上述极限，为什么？

【解】（1）$\lim\limits_{x\to 0}f(x)=\lim\limits_{x\to 0}\dfrac{1+\sin x}{1-\sin x}=\dfrac{\lim\limits_{x\to 0}(1+\sin x)}{\lim\limits_{x\to 0}(1-\sin x)}=\dfrac{1+0}{1-0}=1$

（2）不能. 因为此极限非 $\dfrac{0}{0}$ 、$\dfrac{\infty}{\infty}$ 型未定式，不能满足洛必达法则条件.

【例7】 求函数 $f(x)=\sqrt{2x^2+x^3}$ 的单调区间及极值.

【解】 函数 $f(x)$ 的定义域为 $(-2,+\infty)$ ，则

$$f'(x)=\dfrac{4x+3x^2}{2\sqrt{2x^2+x^3}}$$

当 $x=0$ 时，$f'(x)$ 不存在，令 $f'(x)=0$ ，得驻点 $x=-\dfrac{4}{3}$ ，用点 $x=-\dfrac{4}{3},0$ 将函数的定义

域划分成三个部分区间：$\left(-2,-\dfrac{4}{3}\right)$，$\left(-\dfrac{4}{3},0\right)$，$(0,+\infty)$，见表 3.1.

表 3.1

x	$\left(-2,-\dfrac{4}{3}\right)$	$-\dfrac{4}{3}$	$\left(-\dfrac{4}{3},0\right)$	0	$(0,+\infty)$
$f'(x)$	+	0	−	不存在	+
$f(x)$	↗	极大值	↘	极小值	↗

由表 3.1 可知，当 $x=-\dfrac{4}{3}$ 时，函数取得极大值 $f\left(-\dfrac{4}{3}\right)=\dfrac{4}{9}\sqrt{6}$，当 $x=0$ 时，函数取得极小值 $f(0)=0$，函数 $f(x)$ 在 $\left(-2,-\dfrac{4}{3}\right)$，$(0,+\infty)$ 内单调增加，在 $\left(-\dfrac{4}{3},0\right)$ 内单调减少.

【例 8】　当 $x>0$ 时，证明 $\dfrac{x}{1+x}<\ln(1+x)$.

【证明】　令 $f(x)=\dfrac{x}{1+x}-\ln(1+x)$ $(x>0)$，显然 $f(x)$ 在 $(0,+\infty)$ 内连续，且 $f'(x)=$ $\dfrac{1}{(1+x)^2}-\dfrac{1}{1+x}=\dfrac{-x}{(1+x)^2}$.

当 $x>0$ 时，$f'(x)<0$，即 $f(x)$ 在 $(0,+\infty)$ 内单调递减.

此时，$f(x)<f(0)=0$，即 $\dfrac{x}{1+x}-\ln(1+x)<0$，故 $\dfrac{x}{1+x}<\ln(1+x)$.

说明：单调性证明不等式的方法如下：

（1）构造辅助函数 $f(x)$，即将不等式的右端（或左端）全部移到一端，再令左端（或右端）为函数 $f(x)$.

（2）在区间内讨论 $f(x)$ 的连续性及 $f'(x)$ 符号，得到 $f(x)$ 的单调性.

（3）利用单调性定义，将 $f(x)$ 与区间内一特定点函数值（通常为区间的端点）进行比较构成所要证明的不等式.

【例 9】　证明方程 $x-\dfrac{1}{2}\sin x=1$ 只有一个正根.

【证明】　令 $f(x)=x-\dfrac{1}{2}\sin x-1$，则 $f(x)$ 在 $(-\infty,+\infty)$ 内连续，且 $f(0)=-1<0$，$f(\pi)=\pi-1>0$.

根据零点存在定理知，至少存在一个 $\xi\in(0,\pi)$，使得 $f(\xi)=0$，即方程 $f(x)=0$ 在区间 $(0,\pi)$ 内至少存在一个正根.

又因为 $f'(x)=1-\dfrac{1}{2}\cos x>0$，所以 $f(x)$ 在区间 $(-\infty,+\infty)$ 上是单调递增的，于是断定 $f(x)$ 在区间 $(0,\pi)$ 内的根是唯一的.

从而得证，方程 $x-\dfrac{1}{2}\sin x=1$ 只有一个正根.

【例 10】 求函数 $f(x) = x^3 - 3x^2 + 3$ 的极值.

【解】 解法一：函数 $f(x)$ 的定义域为 $(-\infty, +\infty)$，$f'(x) = 3x^2 - 6x - 9 = 3(x+1)(x-3)$.

令 $f'(x) = 0$，解得驻点

$$x_1 = -1, \quad x_2 = 3$$

用驻点 x_1，x_2 将函数的定义域划分为 3 个部分区间，见表 3.2.

表 3.2

x	$(-\infty, -1)$	-1	$(-1, 3)$	3	$(3, +\infty)$
$f'(x)$	$+$	0	$-$	0	$+$
$f(x)$	$\searrow$	极大值	$\searrow$	极小值	$\nearrow$

由表 3.2 可知，当 $x = -1$ 时，函数取得极大值 $f(-1) = -1$；当 $x = 3$ 时，函数取得极小值 $f(3) = 3$.

解法二： 由题设可得

$$f'(x) = 3x^2 - 6x - 9 = 3(x+1)(x-3), \quad f''(x) = 6x - 6$$

令 $f'(x) = 0$，解得驻点 $x_1 = -1$，$x_2 = 3$，又因为

$$f''(-1) = -12 < 0, \quad f''(3) = 12 > 0$$

所以，当 $x = -1$ 时，函数取得极大值 $f(-1) = -1$；当 $x = 3$ 时，函数取得极小值 $f(3) = 3$.

【例 11】 当 a 为何值时，$f(x) = a\sin x + \dfrac{1}{3}\sin 3x$ 在 $x = \dfrac{\pi}{3}$ 处取得极值，并求此极值.

【解】 函数 $f(x)$ 在定义域内处处可导，且 $f'(x) = a\cos x + \cos 3x$，由于 $f(x)$ 在 $x = \dfrac{\pi}{3}$ 处取得极值，所以有 $f'\left(\dfrac{\pi}{3}\right) = 0$，即

$$f'\left(\frac{\pi}{3}\right) = a\cos\frac{\pi}{3} + \cos\left(3 \cdot \frac{\pi}{3}\right) = \frac{1}{2}a - 1 = 0$$

得 $a = 2$，且

$$f\left(\frac{\pi}{3}\right) = 2\sin\frac{\pi}{3} + \frac{1}{3}\sin\left(3 \cdot \frac{\pi}{3}\right) = \sqrt{3}$$

【例 12】 求 $f(x) = (x-5) \cdot \sqrt[3]{x^2}$ 在区间 $[-2, 3]$ 上的最值.

【解】 函数 $f(x)$ 在闭区间 $[-2, 3]$ 上连续，因而 $f(x)$ 在 $[-2, 3]$ 上必有最大值和最小值.

$$f'(x) = \sqrt[3]{x^2} + \frac{2}{3}(x-5)\frac{1}{\sqrt[3]{x}} = \frac{5(x-2)}{3 \cdot \sqrt[3]{x}}$$

令 $f'(x) = 0$，得驻点 $x = 2$，$f'(x)$ 不存在点为 $x = 0$，比较函数值

$$f(-2) = -7\sqrt[3]{4}, \quad f(0) = 0, \quad f(2) = -3\sqrt[3]{4}, \quad f(3) = -2\sqrt[3]{9}$$

知，函数 $f(x)$ 在 $[-2, 3]$ 上最大值为 $f(0) = 0$，最小值为 $f(-2) = -7\sqrt[3]{4}$.

【例 13】 求曲线 $y = \dfrac{x}{1 - x^2}$ 的凹向区间与拐点.

【解】 函数 $y = \dfrac{x}{1-x^2}$ 的定义域为 $(-\infty, -1) \cup (-1, 1) \cup (1, +\infty)$.

$$y' = \frac{(1-x^2) - x \cdot (-2x)}{(1-x^2)^2} = \frac{1+x^2}{(1-x^2)^2}$$

$$y'' = \frac{2x(1-x^2)^2 - 2(1-x^2) \cdot (-2x)(1+x^2)}{(1-x^2)^4} = \frac{2x(3+x^2)}{(1-x^2)^3}$$

令 $y'' = 0$，得 $x = 0$.

用点 $x = -1, 0, 1$ 将函数的定义域划分为 4 个部分区间，见表 3.3.

表 3.3

x	$(-\infty, -1)$	$(-1, 0)$	0	$(0, 1)$	$(1, +\infty)$
y'	$+$	$-$	0	$+$	$-$
y''	$\cup$	$\cap$	拐点$(0, 0)$	$\cup$	$\cap$

由表 3.3 可见，在区间 $(-\infty, -1)$，$(0, 1)$ 内曲线为上凹的，在区间 $(-1, 0)$，$(1, +\infty)$ 内曲线为下凹的，点 $(0, 0)$ 为拐点.

【例 14】 已知曲线 $y = ax^3 + bx^2 + cx$ 上点 $(1, 2)$ 处有水平切线，且原点为该曲线的拐点，求出该曲线方程.

【解】 由 $y = ax^3 + bx^2 + cx$，得

$$y' = 3ax^2 + 2bx + c, \quad y'' = 6ax + 2b$$

根据题意得

$$\begin{cases} y|_{x=1} = a + b + c = 2 \\ y'|_{x=1} = 3a + 2b + c = 0 \\ y''|_{x=0} = 2b = 0 \end{cases}$$

解得 $a = -1, b = 0, c = 3$.

所以，该曲线方程为 $y = -x^3 + 3x$.

【例 15】 求下列曲线的渐近线.

（1） $y = \dfrac{x-1}{x^2-3x+2}$； （2） $y = e^{-x^2}$； （3） $y = \dfrac{x^4}{(1+x)^3}$.

【解】（1）因为 $\lim\limits_{x \to \infty} \dfrac{x-1}{x^2-3x+2} = 0$，所以 $y = 0$ 为水平渐近线.

又因 $\lim\limits_{x \to 2} \dfrac{x-1}{x^2-3x+2} = \infty$，所以曲线有垂直渐近线 $x = 2$.

（2）因为 $\lim\limits_{x \to \infty} e^{x^2} = 0$，所以 $y = 0$ 为曲线的水平渐近线.

（3）因为 $\lim\limits_{x \to -1} \dfrac{x^4}{(1+x)^3} = \infty$，所以曲线有垂直渐近线 $x = -1$；又因为

$$\lim\limits_{x \to \infty} \frac{x^4}{(1+x)^3 x} = 1$$

$$\lim_{x \to \infty}[\frac{x^4}{(1+x)^3} - x] = \lim_{x \to \infty}\frac{x^4 - x(1+x)^3}{(1+x)^3} = \lim_{x \to \infty}\frac{x^4 - x(1+3x+3x^2+x^3)}{(1+x)^2}$$

$$= \lim_{x \to \infty}\frac{-3x^3 - 3x^2 - x}{(1+x)^3} = -3.$$

所以，$y = x - 3$ 为曲线的斜渐近线.

说明：曲线 $y = f(x)$ 渐近线的确定.

（1）水平渐近线：若 $\lim\limits_{x \to \infty}f(x) = c$，则直线 $y = c$ 是曲线 $y = f(x)$ 的水平渐近线.

（2）垂直渐近线：若 $\lim\limits_{x \to x_0}f(x) = \infty$，则直线 $x = x_0$ 是曲线 $y = f(x)$ 的垂直渐近线.

（3）斜渐近线：若 $\lim\limits_{x \to \infty}\frac{f(x)}{x} = a$，$\lim\limits_{x \to \infty}[f(x) - ax] = b$ 存在，则直线 $y = ax + b$ 是直线 $y = f(x)$ 的斜渐近线.

【例 16】　描绘函数 $f(x) = 1 + \dfrac{1-2x}{x^2}$ 的图形.

【解】　依据描绘函数图形的六个步骤进行.

第一步，函数 $f(x) = 1 + \dfrac{1-2x}{x^2}$ 的定义域为 $(-\infty, 0)\bigcup(0, +\infty)$，经证明不具备奇偶性与周期性.

第二步，求出一阶导数 $f'(x) = \dfrac{2(x-1)}{x^3}$，令 $f'(x) = 0$，得驻点 $x_1 = 1$，求出二阶导数 $f''(x) = \dfrac{2(3-2x)}{x^4}$，令 $f''(x) = 0$ 得 $x_2 = \dfrac{3}{2}$.

第三步，用点 $x_1 = 1$，$x_2 = \dfrac{3}{2}$，将函数的定义域划分为 4 个部分区间，列表 3.4，分析函数 $f(x)$ 的单调性、极值、凹向和拐点.

表 3.4

x	$(-\infty, 0)$	$(0, 1)$	1	$\left(1, \dfrac{3}{2}\right)$	$\dfrac{3}{2}$	$\left(\dfrac{3}{2}, +\infty\right)$
$f'(x)$	$+$	$-$	0	$+$	$+$	$+$
$f''(x)$	$+$	$+$	$+$	$+$	0	$-$
$y=f(x)$	单增上凹 $\nearrow$	单减上凹 $\searrow$	极值点 $f(1)=0$	单增上凹 $\nearrow$	拐点 $\left(\dfrac{3}{2}, \dfrac{1}{9}\right)$	单增下凹 $\searrow$

第四步，因 $\lim\limits_{x \to \infty}f(x) = 1, \lim\limits_{x \to 0}f(x) = +\infty$，所以该曲线有水平渐近线 $y = 1$ 和垂直渐近线 $x = 0$.

第五步，点 $(1, 0)$ $\left(\dfrac{3}{2}, \dfrac{1}{9}\right)$ 都在函数的图形上，将它们描绘在坐标平面上，再取辅助点 $y\big|_{y=\frac{1}{2}} = 1$，$y\big|_{x=-1} = 4$，$y\big|_{x=-2} = 4$，以利图形描绘.

第六步，根据以上信息作出函数的图形（图 3.1）.

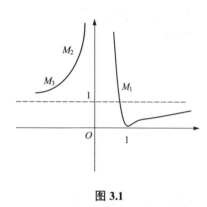

图 3.1

说明：作函数图形的基本步骤：

（1）确定函数的定义域，讨论函数奇偶性、周期性等性质.

（2）求 $f'(x)$，$f''(x)$，讨论函数单调性、凹向及极值点、拐点.

（3）确定曲线的渐近线.

（4）补充适当点(与坐标轴相交的点)的坐标，描点画图.

【例 17】 有一块宽为 $2a$ 的长方形铁皮，将宽的两个边缘向上折起相同的高度，做成一个开口水槽，其横截面为矩形，高为 x，问高 x 取何值时水槽的流量最大（流量与横截面积成正比）？

【解】 根据题意得该水槽的横截面积为

$$S(x) = 2x(a-x) \quad (0 < x < a)$$

由于 $S'(x) = 2a - 4x$，所以令 $S'(x) = 0$，得 $S(x)$ 的唯一驻点 $x = \dfrac{a}{2}$.

又因为铁皮的两边折得过大或过小，都会使横截面积变小，这说明该问题一定存在着最大值，所以，$x = \dfrac{a}{2}$ 就是我们要求的使流量最大的高.

【例 18】 已知某商品的成本函数为 $C(q) = 100 + \dfrac{q^2}{4}$，求出产量 $q = 10$ 时的总成本、平均成本、边际成本并解释其经济意义.

【解】 $C(q) = 100 + \dfrac{q^2}{4}$

总成本：$C(10) = 100 + \dfrac{10^2}{4} = 125$

平均成本函数：$\overline{C}(q) = \dfrac{C(q)}{q} = \dfrac{100}{q} + \dfrac{q}{4}$

平均成本：$\overline{C}(10) = \dfrac{100}{10} + \dfrac{10}{4} = 12.5$

边际成本：$MC(q) = C'(q) = \left(100 + \dfrac{q^2}{4}\right)' = \dfrac{q}{2}$

当 $q = 10$ 时，边际成本：$MC(10) = \dfrac{10}{2} = 5$

即当产量为 10 个单位时，每多生产 1 个单位产品需要增加 5 个单位成本. 因为 $\overline{C}(10) > MC(10)$，故应继续提高产量.

【例 19】 某商品需求函数为 $Q = 12 - \dfrac{p}{2}$（$0 < p < 24$），求

（1）需求弹性函数；

（2）p 为何值时，需求为高弹性或低弹性？

（3）当 $p=6$ 时的需求弹性，并解释其经济意义.

【解】（1）因为 $Q=12-\dfrac{p}{2}$，所以 $\dfrac{\mathrm{d}Q}{\mathrm{d}p}=-\dfrac{1}{2}$

$$E_p=\frac{\mathrm{d}Q}{\mathrm{d}p}\cdot\frac{p}{Q}=\left(-\frac{1}{2}\right)\cdot\frac{p}{12-\frac{1}{2}p}=\frac{p}{p-24}$$

（2）令 $E_p<1$，即 $\dfrac{p}{p-24}<1$，有 $p<12$，故当 $0<p<12$ 时，为低弹性.

令 $E_p>1$，即 $\dfrac{p}{p-24}>1$，有 $p>12$，故当 $12<p<24$ 时，为高弹性.

（3）当 $p=6$ 时的需求弹性为

$$E_p\big|_{p=6}=\frac{p}{p-24}\bigg|_{p=6}=-\frac{6}{18}=-0.33$$

说明： 当 $p=6$ 时，需求变动幅度小于价格变动的幅度，即 $p=6$ 时，价格上涨 1%，需求减少 0.33%，或者说当价格下降 1% 时，需求将增加 0.33%.

【例20】 某个体户以每条 10 元的进价购一批牛仔裤，假设此牛仔裤的需求函数为 $q=40-2p$，问该个体户获得最大利的销售价是多少？

【解】 将总利润函数 L 表示为 p 的函数，即

$$\begin{aligned}L(p)&=R(p)-C(p)=pq-10q=p(40-2p)-10(40-2p)\\&=-2p^2+60p-400\end{aligned}$$

$L'(p)=-4p+60$

令 $L'(p)=0$，得 $p=15$，驻点唯一，且 $L''(p)=-4<0$，故 $p=15$ 为唯一极大值点.

因此当销售价为 15 元/条时获得最大利润.

【例21】 某厂生产摄影机，年产量 1 000 台，每台成本 800 元，每一季度每台摄影机的库存费是成本的 5%，工厂分批生产，每次生产准备费为 5 000 元，市场对产品一致需求，不许缺货，试确定一年最小费用开支时的生产批量及最小费用.

【分析】 此问题是经济批量及存货总费用最小问题，属于"成批到货，一致需求，不许缺货"的库存模型. 所谓"成批到货"就是工厂生产的每批产品，先整批存入仓库；"一致需求"就是市场对这种产品的需求在单位时间内数量相同，因而产品由仓库均匀提取投放市场；"不许缺货"就是当前一批产品由仓库提取完后，下一批产品立刻进入仓库. 在这种假设下，规定仓库的平均库存量为每批产量的一半.

设在一个计划期内：

（1）工厂生产总量为 D.

（2）分批投产，每次投产数量，即批量为 Q.

（3）每批生产准备费为 C_1.

（4）每批产品的库存费为 C_2，且按批量的一半即 $\dfrac{Q}{2}$ 收取库存费.

（5）存货总费用是生产准备费与库存费之和，记为 E.

依题设，库存费=每件产品的库存费×批量的一半=$C_2 \cdot \dfrac{Q}{2}$

生产准备费=每批生产准备费×生产批数=$C_1 \cdot \dfrac{D}{Q}$

于是，总费用函数为

$$E = E(Q) = \frac{D}{Q}C_1 + \frac{Q}{2}C_2$$

$$E'(Q) = -\frac{D}{Q^2}C_1 + \frac{C_2}{2} = 0$$

变形 $\dfrac{C_1 D}{Q} = \dfrac{C_2 Q}{2}$（使库存费与生产准备费相等的批量是经济批量），解得经济批量为

$$Q_0 = \sqrt{\frac{2C_1 D}{C_2}}$$

$E''(Q) = \dfrac{2C_1 D}{Q^3} > 0$，故此时总费用最小，其值为 $E_0 = \dfrac{C_1 D}{Q_0} + \dfrac{C_2 Q_0}{2} = \sqrt{2DC_1 C_2}$.

【解】 由题设知 $D = 1\,000$ 台， $C_1 = 5\,000$ 元， 每年每台库存费用为
$$C_2 = 800 \times 5\% \times 4 = 160 \quad（元）$$

库存总费用 E 与每批生产台数 Q 的关系为
$$E = E_1 + E_2 = \frac{1\,000 \times 5\,000}{Q} + \frac{160}{2}Q$$

一年最小费用开支时的生产批量是经济批量，即

$$Q_0 = \sqrt{\frac{2C_1 D}{C_2}} = \sqrt{\frac{2 \times 1\,000 \times 5\,000}{160}} = 250 \quad（台）$$

一年最小库存总费用为

$$E_0 = \frac{C_1 D}{Q_0} + \frac{C_2 Q_0}{2} = \frac{160 \times 250}{2} + \frac{1\,000 \times 5\,000}{250} = 40\,000 \quad（元）$$

或

$$E_0 = \sqrt{2DC_1 C_2} = \sqrt{2 \times 1\,000 \times 5\,000 \times 160} = 40\,000 \quad（元）$$

四、复习题三

1. 函数 $y = \ln(1+x)$ 在 $(0, 1)$ 上是否满足拉格朗日中值定理的条件，若满足，试求出定理中的 ξ 值.

2. 求出下列极限：

（1）$\lim\limits_{x \to 2} \dfrac{x^3 - 12x + 16}{x^3 - 2x^2 - 4x + 8}$；

（2）$\lim\limits_{x \to +\infty} \dfrac{\dfrac{\pi}{2} - \arctan x}{\dfrac{1}{x}}$；

（3）$\lim\limits_{x \to 0^+} \dfrac{\sqrt{x}}{1 - e^{2\sqrt{x}}}$ ；
（4）$\lim\limits_{x \to 0^+} \left(1 + \dfrac{1}{x}\right)^x$ ；

（5）$\lim\limits_{x \to 0} \left(\dfrac{1}{x} - \dfrac{1}{e^x - 1}\right)$ ；
（6）$\lim\limits_{x \to 0} \dfrac{\tan x - x}{x^2 \sin x}$ ；

（7）$\lim\limits_{x \to 0} \dfrac{e^x - e^{\sin x}}{x^3}$ ；
（8）$\lim\limits_{x \to \frac{\pi}{2}} (\sec x - \tan x)$ ；

（9）$\lim\limits_{x \to +\infty} \left(1 + \dfrac{1}{x}\right)^{x^2} e^{-x}$ ；
（10）$\lim\limits_{x \to 0} \dfrac{x - \sin x}{x^2 (e^x - 1)}$ ．

3．证明：当 $x > 0$ 时，有不等式 $\ln(x + \sqrt{1 + x^2}) > \dfrac{x}{\sqrt{1 + x^2}}$ 成立.

4．证明：方程 $\tan x = 1 - x$ 在 $(0, 1)$ 内的根是唯一的.

5．要造一个容积为 V 的圆柱形密闭容器，问底半径 r 和高 h 为何值时，使表面积最小.

6．求下列函数的单调区间及极值：

（1）$f(x) = (x - 1)x^{\frac{2}{3}}$ ；
（2）$f(x) = x^3 - 6x^2 - 15x + 2$ ．

7．求下列函数的凹向区间及拐点：

（1）$y = \dfrac{x^3}{(x - 1)^2}$ ；
（2）$y = xe^{-x}$ ．

8．设曲线 $y = ax^3 + bx^2 + cx + 1$ 在 $x = 1$ 处有极小值 -1，且有拐点 $(0, 1)$，试确定常数 a, b, c 的值.

9．一房地产公司有 50 套公寓要出租，当月租金每套定为 2 000 元时，公寓会全部租出去，当月租金每增加 100 元时，就会有一套公寓租不出去，而租出去的公寓每套每月需花费 200 元的维修费，试问租金定为多少时可获最大利润，最大利润是多少？

10．某公司生产成本的一个合理而实际的模型由短期库柏–道格拉斯成本曲线 $C(q) = -2q^{\frac{1}{2}} + 25$ 给出. 假设当平均成本等于边际成本时，平均成本取极小值，求 q 取何值时，平均成本取得极小值？

11．设某商品的需求函数为 $Q = e^{-\frac{3}{4}p}$，求

（1）需求弹性函数；

（2）当 $p = 1, \dfrac{4}{3}, 4$ 时的需求弹性，并解释其经济意义.

五、复习题三答案

1．$\xi = \dfrac{1}{\ln 2} - 1$

2．（1）$\dfrac{3}{2}$　（2）1　（3）$-\dfrac{1}{2}$　（4）1　（5）$\dfrac{1}{2}$

（6）$\dfrac{1}{3}$（提示：利用无穷小量代换 $\sin x \sim x$）

（7）$\dfrac{1}{6}$

$$\left[\text{提示：}\lim_{x\to 0}\dfrac{e^{x-\sin x+\sin x}-e^{\sin x}}{x^3}=\lim_{x\to 0}\dfrac{e^{\sin x}(e^{x-\sin x}-1)}{x^3}=\lim_{x\to 0}\dfrac{(1-\cos x)e^{x-\sin x}}{3x^2}\right]$$

（8）0

（9）$e^{-\frac{1}{2}}$ $\left[\text{提示：}\lim_{x\to +\infty}\left(1+\dfrac{1}{x}\right)^{x^2}\cdot e^{-x}=e^{\lim\limits_{x\to+\infty}x^2\ln\left(1+\frac{1}{x}\right)-x}\xrightarrow{\text{令 }t=\frac{1}{x}}e^{\lim\limits_{t\to 0}\frac{\ln(1+t)-t}{t^2}}\right]$

（10）$\dfrac{1}{6}$ $\left[\text{提示：利用无穷小量代换 }(e^x-1)\sim x,\text{ 原式}=\lim_{x\to 0}\dfrac{1-\cos x}{3x^2}=\lim_{x\to 0}\dfrac{\sin x}{6x}=\dfrac{1}{6}\right]$

3. 提示：**方法一** 利用拉格朗日中值定理证明. 设 $f(x)=\ln(x+\sqrt{1+x^2})$，$f(x)$ 在 $(0,+\infty)$ 上连续可导，任取 $x>0$，$f(x)$ 在 $(0,x)$ 上满足拉格朗日中值定理的条件，$f(0)=0$，

$f'(x)=\dfrac{1}{x+\sqrt{1+x^2}}\left(1+\dfrac{x}{\sqrt{1+x^2}}\right)=\dfrac{1}{\sqrt{1+x^2}}$，存在 $\xi\in(0,x)$，使 $\ln(x+\sqrt{1+x^2})-0=\dfrac{1}{\sqrt{1+\xi^2}}(x-0)$，

由 $0<\xi<x$，得 $\ln(x+\sqrt{1+x^2})>\dfrac{x}{\sqrt{1+x^2}}$.

方法二 利用函数单调性证明. 作辅助函数 $F(x)=\ln(x+\sqrt{1+x^2})-\dfrac{x}{\sqrt{1+x^2}}$，在 $[0,+\infty)$ 上连续

可导，$F'(x)=\dfrac{x}{\sqrt{1+x^2}}-\left[\dfrac{x}{\sqrt{1+x^2}}-(1+x^2)^{-\frac{3}{2}}x^2\right]=\dfrac{x^2}{(1+x^2)^{\frac{3}{2}}}>0$ 为单调增加函数，当 $x>0$ 时，

$F(x)>F(0)=0$，即 $\ln(x+\sqrt{1+x^2})>\dfrac{x}{\sqrt{1+x^2}}$ 成立.

4. 提示：由零点定理证得 $\tan x=1-x$ 在 $(0,1)$ 内有根，$F'(x)=(\tan x-1+x)'=\sec^2 x+1>0$，故 $F(x)$ 在 $(0,1)$ 内严格单调增加，故方程 $\tan x=1-x$ 在 $(0,1)$ 内的根是唯一的.

5. 设表面积为 A，则 $A=2\pi r^2+2\pi rh$，又 $V=\pi r^2 h$，即 $h=\dfrac{V}{\pi r^2}$，$A=2\pi r^2+\dfrac{2V}{r}$，

$r\in(0,+\infty)$，因为 $A'=4\pi r-\dfrac{2V}{r^2}=\dfrac{4\pi r^3-2V}{r^2}$，令 $A'=0$，得唯一驻点 $r=\sqrt[3]{\dfrac{V}{2\pi}}$，所以当 $r=\sqrt[3]{\dfrac{V}{2\pi}}$，

$h=\dfrac{V}{\pi r^2}=2\sqrt[3]{\dfrac{V}{2\pi}}$ 时，表面积最小.

6.（1）单调增加区间 $(-\infty,0]\cup\left[\dfrac{2}{5},+\infty\right)$；单调递减区间 $\left[0,\dfrac{2}{5}\right]$；极大值 $f(0)=0$；极小值 $f\left(\dfrac{2}{5}\right)=-\dfrac{3}{5}\sqrt[3]{\dfrac{4}{25}}$.

（2）单调增加区间 $(-\infty,-1]\cup[5,+\infty)$；单调递减区间 $[-1,5]$；极大值 $f(-1)=10$；极小值 $f(5)=-98$.

7.（1）上凹区间 $(0,1)\cup(1,+\infty)$；下凹区间 $(-\infty,0)$；拐点 $(0,0)$.

（2）上凹区间 $(2, +\infty)$；下凹区间 $(-\infty, 2)$；拐点 $(2, 2e^{-2})$.

8．$a = 1, b = 0, c = -3$.

9．提示：设每套租金为 x，总利润为 y.

总利润 $y = \left(50 - \dfrac{x - 2\,000}{100}\right)(x - 200) = \dfrac{1}{100}(-x^2 + 7\,200x - 1\,400\,000)$

$y' = \dfrac{1}{100}(-2x + 7\,200)$

令 $y' = 0$，得 $x = 3\,500$ 且 $y'' = -\dfrac{1}{50} < 0$，即 $x = 3\,500$ 是 y 达到最大值的点，最大利润

$y = 112\,000$ 元.

10．提示：平均成本 $\dfrac{C(q)}{q} = -2q^{-\frac{1}{2}} + \dfrac{25}{q}$；边际成本 $C'(q) = -q^{-\frac{1}{2}}$.

由 $\dfrac{C(q)}{q} = C'(q)$，得 $q = 625$.

11．（1）$E_p = \dfrac{p}{Q}\dfrac{\mathrm{d}Q}{\mathrm{d}p} = -\dfrac{3}{4}p$

（2）当 $p = 1$ 时，$\left|E_p\right| = \dfrac{3}{4} < 1$，需求为低弹性；

（3）当 $p = \dfrac{4}{3}$ 时，$\left|E_p\right| = 1$，需求为单位弹性；

（4）当 $p = 4$ 时，$\left|E_p\right| = 3 > 1$，需求为高弹性.

六、自 测 题 三

（总分 100 分，时间 100 分钟）

1．填空题（每小题 2 分，共 20 分）

（1）$f(x) = 2x^2 - x - 3$ 在 $\left[-1, \dfrac{3}{2}\right]$ 上满足罗尔中值定理的 $\xi =$ _____.

（2）函数 $f(x) = \ln(x + 1)$ 在 $[0, 1]$ 上满足拉格朗日中值定理的 $\xi =$ _____.

（3）函数 $f(x) = 2x - \cos x$ 在区间 _____ 内是单调增加的.

（4）曲线 $y = (x - 2)^{\frac{5}{3}}$ 的下凹区间为 _____.

（5）曲线 $y = 2 + 5x - 3x^3$ 的拐点是 _____.

（6）曲线 $y = \dfrac{x^2}{x^2 - 1}$ 有水平渐近线 _____，垂直渐近线 _____.

（7）函数 $f(x) = \sqrt{2x + 1}$ 在 $[0, 4]$ 上的最大值是 _____，最小值是 _____.

（8）当 $x = -4$ 时，函数 $y = x^2 + px + q$ 取得极值，则 $p =$ _____.

（9）若点 $(1, 3)$ 是曲线 $y = ax^3 + bx^2$ 的拐点，则 $a =$ _____，$b =$ _____.

（10）总成本函数 $C(x) = 0.01x^2 + 10x + 1\,000$，则边际成本为 _____.

2. 单选题（每小题 3 分，共 15 分）

（1）函数 $f(x)$ 有连续二阶导数且 $f(0)=0$，$f'(0)=1$，$f'(0)=-2$，则 $\lim\limits_{x\to 0}\dfrac{f(x)-x}{x^2}=$（　　）.

    A．不存在　　　　　　　　　　B．0

    C．-1　　　　　　　　　　　　D．-2

（2）设函数 $f(x)$ 在 (a,b) 内连续，$x_0\in(a,b)$，$f'(x_0)=f''(x_0)=0$，则 $f(x)$ 在 $x=0$ 处
（　　）.

    A．取得极大值　　　　　　　　B．取得极小值

    C．一定有拐点 $(x_0,f(x_0))$　　　D．可能取得极值，也可能有拐点

（3）函数 $f(x)$ 在 x_0 处取得极值，则必有（　　）.

    A．$f'(x)=0$　　　　　　　　　B．$f''(x)<0$

    C．$f'(x)=0$，$f''(x)<0$　　　　D．$f'(x)=0$ 或 $f'(x)$ 不存在

（4）曲线 $y=\dfrac{x^2+2}{(x-2)^3}$ 的渐近线有（　　）.

    A．1 条　　　　　　　　　　　B．2 条

    C．3 条　　　　　　　　　　　D．0 条

（5）方程 $x^3-3x+1=0$ 在区间 $(-\infty,+\infty)$ 内有（　　）.

    A．无实根　　　　　　　　　　B．有唯一实根

    C．有两个实根　　　　　　　　D．有三个实根

3. 求下列极限（每小题 6 分，共 24 分）

（1）$\lim\limits_{x\to 1}\dfrac{x-\arctan x}{\ln(1+x^3)}$；　　　　　（2）$\lim\limits_{x\to 0^+}x^5\ln x$；

（3）$\lim\limits_{x\to 0}\left[\dfrac{1}{x}+\dfrac{1}{x^2}\ln(1-x)\right]$；　　　（4）$\lim\limits_{x\to 0^+}(\cot x)^{\frac{1}{\ln x}}$.

4. 证明题（共 11 分）

（1）证明不等式 $e^x>1+x\,(x>0)$．（5 分）

（2）证明方程 $x^5+x-1=0$ 只有一个正根．（6 分）

5. 应用题（每小题 10 分，共 30 分）

（1）求函数 $y=x^3-x^2-x+1$ 的单调区间、极值及凹向区间、拐点.

（2）在周长为定值 l 的所有扇形中，当扇形的半径取何值时所得扇形面积最大？

（3）某商品的需求函数为 $Q(p)=75-p^2$（p 为价格）.

    ① 求 $p=4$ 的边际需求；

    ② 求 $p=4$ 时需求价格的弹性，并说明经济意义；

    ③ 当 p 为多少时，总收益最大？最大值是多少？

七、自测题三答案

1.（1）$\dfrac{1}{4}$　　（2）$\dfrac{1}{\ln 2}-1$　　（3）$(-\infty,+\infty)$　　（4）$(-\infty,2)$　　（5）$(0,2)$　　（6）$y=1$，$x=\pm 1$

（7）3，1　　（8）–8　　（9）$-\dfrac{3}{2}$，$\dfrac{9}{2}$　　（10）$C'(x)=0.02x+10$

2．（1）C　　（2）D　　（3）D　　（4）B　　（5）D

3．（1）$\dfrac{1-\dfrac{\pi}{4}}{\ln 2}$　　（2）0　　（3）$-\dfrac{1}{2}$　　（4）$\dfrac{1}{e}$

4．（1）证：设 $f(x)=e^x-1-x$ 在 $(0,+\infty)$ 内连续，且 $f'(x)=e^x-1>0$，$f(x)$ 在 $(0,+\infty)$ 内单调增加，$f(x)>f(0)=0$，即 $e^x-1-x>0$，得证.

（2）提示：设 $f(x)=x^5+x-1$，由零点定理证得 $f(x)$ 在 $(0,1)$ 内至少存在一点 ξ，使得 $f(\xi)=\xi^5+\xi-1=0$，再由 $f'(x)=5x^4+1>0$，$f(x)$ 在 $(0,+\infty)$ 内严格单调增加，故方程 $x^5+x-1=0$ 只有一个正根.

5．（1）单调递增区间为 $\left(-\infty,-\dfrac{1}{3}\right)\bigcup(1,+\infty)$；单调递减区间为 $\left(-\dfrac{1}{3},1\right)$；极大值 $y\big|_{x=-\frac{1}{3}}=\dfrac{32}{27}$；极小值 $y\big|_{x=1}=0$；上凹区间为 $\left(\dfrac{1}{3},+\infty\right)$；下凹区间为 $\left(-\infty,\dfrac{1}{3}\right)$；拐点 $\left(\dfrac{1}{3},\dfrac{16}{27}\right)$.

（2）设扇形半径为 x，弧长为 $l-2x$，扇形面积 $y=\dfrac{1}{2}x(l-2x)$，$y'=-2x+\dfrac{1}{2}l$，令 $y'=0$，得驻点 $x=\dfrac{l}{4}$，唯一驻点，且 $y''=-2<0$，故 $x=\dfrac{l}{4}$ 为极大值点，所以，当 $x=\dfrac{l}{4}$ 时，扇形面积最大，最大面积为 $y=\dfrac{l^2}{16}$.

（3）① $\dfrac{dQ}{dp}\bigg|_{p=4}=-2p\big|_{p=4}=-8$

② $E_p=\dfrac{p}{Q}\cdot\dfrac{dQ}{dp}=\dfrac{2p^2}{p^2-75}$，$E_p\big|_{p=4}\approx-0.54$

说明若价格由 $p=4$ 上涨 1%，则需求量减少 0.54%.

③ $R=pQ=75p-p^3$，$R'=75-3p^2$，令 $R'=0$，得 $p=5$，$R''=-6p\big|_{p=5}=-30<0$，所以 $p=5$ 时总收益最大，最大值为 $R\big|_{p=5}=250$.

第四章

积分及其应用学习指导

一元函数积分学包括不定积分、定积分及定积分的应用. 它们是微积分的核心内容. 本章着重训练一元函数积分学的基本概念和基本计算.

一、教 学 要 求

1. 理解原函数与不定积分的概念及其关系，掌握不定积分的性质，了解原函数存在定理.
2. 熟练掌握不定积分的基本公式.
3. 熟练掌握不定积分第一换元法，掌握第二换元法（限于三角代换与简单的根式代换）.
4. 掌握不定积分的分部积分法.
5. 理解定积分的概念及基本性质.
6. 熟练掌握定积分的几何意义.
7. 理解变上限定积分及其导数，熟练掌握牛顿—莱布尼兹公式.
8. 熟练掌握定积分的第一换元法，掌握其第二换元法及分部积分法.
9. 理解无穷区间上广义积分的概念及计算方法.
10. 掌握定积分的微元法.
11. 熟练掌握用定积分计算平面图形的面积.
12. 熟练掌握定积分在经济问题中的简单应用.

重点：原函数、不定积分概念，不定积分的基本公式，不定积分的换元法及分部积分法；定积分的概念和性质，变上限定积分及其导数，牛顿—莱布尼兹公式，定积分的换元法及分部积分法，定积分的微元法，利用微元法求平面图形的面积及经济中的应用.

难点：不定积分的换元法及分部积分法；定积分的概念；变上限定积分及其导数；定积分的换元法及分部积分法；定积分的微元法，微元法思想在经济方面的应用.

二、学 习 要 求

1. 熟记不定积分基本公式，注意不定积分与求导公式的区别与联系.

2．注意第一换元法（"凑"微分法）使用的基本过程，明确所求积分的被积函数特征为复合函数，通过练习注重总结常见的凑微分的积分类型．

3．掌握基本的积分方法，多做练习，举一反三，注重积分特点．

4．正确理解定积分的定义，掌握定积分"分割，取近似，求和，取极限"的积分思想．

5．应用定积分的换元积分法时要牢记"换元必换限，新元代新限"．

6．正确理解变上限积分函数 $\int_a^x f(t)\mathrm{d}t$ 的意义，理解 $\int f(x)\mathrm{d}x$、$\int_a^b f(x)\mathrm{d}x$ 与 $\int_a^x f(t)\mathrm{d}t$ 三者的联系与区别：设 $f(x)$ 的一个原函数为 $F(x)$，则 $\int f(x)\mathrm{d}x = F(x) + c$ 是原函数族；$\int_a^b f(x)\mathrm{d}x = F(b) - F(a)$，是一个确定的实数；$\int_a^x f(t)\mathrm{d}t = F(x) - F(a)$ 是原函数族中一个确定的函数，是原函数之一．

7．求平面图形的面积应恰当地选取积分变量，从而简化计算．

三、典型例题分析

（一）积分学的概念与性质

【例 1】 选择题（如下各题中有 4 个备选答案的为单项选择题，有 5 个备选答案的为多项选择题）．

（1）下列函数中为函数 e^{-2x} 的原函数是（   ）．

  A．$y = -2\mathrm{e}^{-2x}$ B．$y = -\dfrac{1}{2}\mathrm{e}^{-2x}$

  C．$y = \mathrm{e}^{-2x}$ D．$y = 2\mathrm{e}^{-2x}$

（2）下列等式正确的是（   ）．

  A．$\dfrac{\mathrm{d}}{\mathrm{d}x}\int f(x)\mathrm{d}x = f(x)\mathrm{d}x$ B．$\int \mathrm{d}f(x) = f(x)$

  C．$\int f'(x)\mathrm{d}x = f(x)$ D．$\mathrm{d}\left(\int f(x)\mathrm{d}x\right) = f(x)\mathrm{d}x$

（3）设 $f(x)$ 在 $[a, b]$ 上连续，则 $f(x)$ 必有（   ）．

  A．导函数   B．原函数

  C．极值   D．不定积分

  E．最大值与最小值

（4）设连续函数 $f(x)$ 在区间 I 上不恒为零，$F_1(x)$、$F_2(x)$ 是 $f(x)$ 的两个不同的原函数，则在 I 上有（   ）．

  A．$F_1(x) = cF_2(x)$ B．$F_1(x) - F_2(x) = c$

  C．$F_1(x) + F_2(x) = c$ D．$\dfrac{F_1(x)}{F_2(x)} = c$

  E．$F_2(x) - F_1(x) = c$

（5）设 $F'(x) = f(x)$，c 为任意正实数，则 $\int f(x)\mathrm{d}x = $（   ）．

  A．$F(x) + c$ B．$F(x) + \sin c$

    C. $F(x) + \ln c$ D. $F(x) + e^c$

（6）设函数 $f(x)$ 在区间 $[a, b]$ 上有（   ）．

    A. 可积则必有原函数   B. 可积则必有界

    C. 有界则必可积   D. 可积则必可导

【解】（1）由原函数定义，因为 $\left(-\dfrac{1}{2}e^{-2x}\right)' = e^{-2x}$，故 $-\dfrac{1}{2}e^{-2x}$ 是 e^{-2x} 的一个原函数，应选 B.

（2）由积分与微分互为逆运算及不定积分的定义，应选 D.

（3）由闭区间上连续函数的性质及原函数存在定理，应选 B、D、E.

（4）由连续函数 $f(x)$ 在区间 I 上不恒为零，其任意两个原函数仅仅相差一个常数可知，应选 B、E.

（5）由于 c 为任意正实数，根据不定积分的定义知，应选 C.

（6）由可积的必要条件知，应选 B.

【例 2】 已知 $\displaystyle\int xf(x)\mathrm{d}x = \arcsin x + c$，求 $\displaystyle\int \dfrac{1}{f(x)}\mathrm{d}x$.

【解】 对 $\displaystyle\int xf(x)\mathrm{d}x = \arcsin x + c$ 两边求导，得

$$xf(x) = \frac{1}{\sqrt{1-x^2}}, \quad f(x) = \frac{1}{x\sqrt{1-x^2}}$$

于是有

$$\int \frac{1}{f(x)}\mathrm{d}x = \int x\sqrt{1-x^2}\,\mathrm{d}x = -\frac{1}{3}\sqrt{(1-x^2)^3} + c$$

【例 3】 不计算积分，比较 $\displaystyle\int_1^e (x-1)\mathrm{d}x$ 与 $\displaystyle\int_1^e \ln x\,\mathrm{d}x$ 的大小.

【解】 设 $f(x) = x - 1 - \ln x$，因为 $f'(x) = 1 - \dfrac{1}{x} > 0 \ (1 < x < e)$，所以 $f(x)$ 在 $[1, e]$ 上单调增加.

当 $1 < x < e$ 时，$f(x) > f(1) = 0$.

故当 $x \in [1, e]$ 时，$x - 1 \geqslant \ln x$.

根据定积分的比较性质，有 $\displaystyle\int_1^e (x-1)\mathrm{d}x \geqslant \int_1^e \ln x\,\mathrm{d}x$.

【例 4】 利用定积分性质估计 $\displaystyle\int_0^2 e^{x^2-x}\mathrm{d}x$ 的值.

【解】 $f(x) = e^{x^2-x}$ 在 $[0, 2]$ 上连续，并且 $f'(x) = (2x-1)e^{x^2-x}$.

令 $f'(x) = 0$，则 $x = \dfrac{1}{2}$.

因为 $f(0) = 1$，$f\left(\dfrac{1}{2}\right) = e^{-\frac{1}{4}}$，$f(2) = e^2$，比较它们的大小：

$m = e^{-\frac{1}{4}}$，$M = e^2$，根据积分估值性质 $m(b-a) \leqslant \displaystyle\int_a^b f(x)\mathrm{d}x \leqslant M(b-a)$，从而有

$2e^{-\frac{1}{4}} \leqslant \displaystyle\int_0^2 e^{x^2-x}\mathrm{d}x \leqslant 2e^2$.

【例5】 设 $f(x)$ 在$[a, b]$上连续，证明 $\int_a^b f(x)\mathrm{d}x = \int_a^b f(a+b-x)\mathrm{d}x$.

证 设 $t = a+b-x$ ，则 $x = a+b-t$ ， $\mathrm{d}x = -\mathrm{d}t$.

当 $x = a$ 时， $t = b$ ；当 $x = b$ 时， $t = a$. 进行变量代换， $\int_a^b f(a+b-x)\mathrm{d}x = \int_b^a -f(t)\,\mathrm{d}t =$

$\int_a^b f(t)\,\mathrm{d}t = \int_a^b f(x)\mathrm{d}x$ ，得证.

【例6】 设 $f(x) = \int_{-x}^{\sin x} \arctan(1+t^2)\mathrm{d}t$ ，求 $f'(0)$.

【分析】 可看做 $\int_{\Phi(x)}^{g(x)} f(t)\mathrm{d}t$ 这一类函数（其中 $f(x)$ 是连续的， $\Phi(x)$ 、 $g(x)$ 是可导的），则

$$f(x) = \int_{\Phi(x)}^a f(t)\mathrm{d}t + \int_a^{g(x)} f(t)\mathrm{d}t = \int_a^{g(x)} f(t)\mathrm{d}t - \int_a^{\Phi(x)} f(t)\mathrm{d}t$$
$$f'(x) = f[g(x)]g'(x) - f[\Phi(x)]\Phi'(x)$$

【解】 $f'(x) = \dfrac{\mathrm{d}}{\mathrm{d}x} \int_{-x}^{\sin x} \arctan(1+t^2)\,\mathrm{d}t$

$\qquad = \arctan(1+\sin^2 x) \cdot (\sin x)' - \arctan[1+(-x)^2](-x)'$

$\qquad = \cos x \cdot \arctan(1+\sin^2 x) + \arctan(1+x^2)$

$f'(0) = \cos 0 \cdot \arctan 1 + \arctan 1$

$\qquad = 1 \times \dfrac{\pi}{4} + \dfrac{\pi}{4} = \dfrac{\pi}{2}$

【例7】 求下列各导数：

（1） 设 $f(x) = \int_0^{\sqrt{x}} \dfrac{\sin t}{t}\mathrm{d}t$ $(x>0)$ ，求 $f'(x)$ ；

（2） 设由方程 $x - \int_1^{x+y} \mathrm{e}^{-t^2}\mathrm{d}t = 0$ 所确定的隐函数 $y = y(x)$ ，求 $\dfrac{\mathrm{d}y}{\mathrm{d}x}\Big|_{x=0}$.

【解】（1） $f'(x) = \left(\int_0^{\sqrt{x}} \dfrac{\sin t}{t}\mathrm{d}t\right)' = \dfrac{\sin\sqrt{x}}{\sqrt{x}} \cdot (\sqrt{x})' = \dfrac{\sin\sqrt{x}}{2x}$

（2） 方程 $x - \int_1^{x+y} \mathrm{e}^{-t^2}\mathrm{d}t = 0$ 两边同时对 x 求导，得

$$1 - \mathrm{e}^{-(x+y)^2} \cdot (x+y)' = 0$$

得

$$y' = \mathrm{e}^{(x+y)^2} - 1$$

将 $x = 0$ 代入方程 $x - \int_1^{x+y} \mathrm{e}^{-t^2}\mathrm{d}t = 0$ ，得 $\int_1^y \mathrm{e}^{-t^2}\mathrm{d}t = 0$ ，故 $y = 1$.

所以 $\dfrac{\mathrm{d}y}{\mathrm{d}x}\Big|_{\substack{x=0 \\ y=1}} = [\mathrm{e}^{(x+y)^2} - 1]\Big|_{\substack{x=0 \\ y=1}} = \mathrm{e} - 1$ ，即 $\dfrac{\mathrm{d}y}{\mathrm{d}x}\Big|_{x=0} = \mathrm{e} - 1$.

【例8】 求下列各极限：

（1）$\lim\limits_{x \to 0} \dfrac{x - \int_0^x e^{t^2} dt}{x^2 \sin 2x}$；
  （2）$\lim\limits_{x \to 0} \dfrac{\int_0^x t e^t dt}{\int_{\cos x}^1 e^{-t^2} dt}$；

（3）$\lim\limits_{x \to a} \dfrac{x}{x-a} \int_a^x f(t) dt$ [$f(x)$ 连续].

【解】 此极限为 "$\dfrac{0}{0}$" 型未定式，可用洛必达法则求解.

（1）$\lim\limits_{x \to 0} \dfrac{x - \int_0^x e^{t^2} dt}{x^2 \sin 2x} = \lim\limits_{x \to 0} \dfrac{x - \int_0^x e^{t^2} dt}{2x^3}$ $\left(\begin{array}{c} \text{无穷小量代换} \\ \sin 2x \sim 2x \end{array} \right)$

$\qquad\qquad = \lim\limits_{x \to 0} \dfrac{1 - e^{x^2}}{6x^2} = \lim\limits_{x \to 0} \dfrac{-2x e^{x^2}}{12x} = -\dfrac{1}{6}$

（2）$\lim\limits_{x \to 0} \dfrac{\int_0^x t e^t dt}{\int_{\cos x}^1 e^{-t^2} dt} = \lim\limits_{x \to 0} \dfrac{\int_0^x t e^t dt}{-\int_1^{\cos x} e^{-t^2} dt} = \lim\limits_{x \to 0} \dfrac{x e^x}{-e^{-\cos^2 x} \cdot (\cos x)'}$

$\qquad\qquad = e \lim\limits_{x \to 0} \dfrac{x}{\sin x} = e$

（3）$\lim\limits_{x \to a} \dfrac{x}{x-a} \int_a^x f(t) dt = \lim\limits_{x \to a} \dfrac{\int_a^x f(t) dt + x f(x)}{(x-a)'}$

$\qquad\qquad = \lim\limits_{x \to a} \int_a^x f(t) dt + \lim\limits_{x \to a} x f(x) = a f(a)$

【例9】 设函数 $f(x)$ 以 T 为周期，试证明：

$$\int_a^{a+T} f(x) dx = \int_0^T f(x) dx \quad (a \text{ 为常数})$$

【分析】 本题是关于定积分等式成立的证明问题，应注意等式两端的积分上下限及被积函数间有什么关系，找出它们的联系，然后用定积分的积分法进行验证.

本题为周期函数 $f(x) = f(x+T)$，等式两端被积函数相同，积分区间长度相等，因而可以考虑用换元积分法验证.

【证明】 $\int_a^{a+T} f(x) dx = \int_a^T f(x) dx + \int_T^{a+T} f(x) dx$，$f(x) = f(x+T)$

设 $u = x - T$，则 $x = u + T$，$dx = du$；当 $x = T$ 时，$u = 0$；当 $x = a+T$ 时，$u = a$，

$\int_T^{a+T} f(x) dx = \int_0^a f(u+T) du = \int_0^a f(u) du = \int_0^a f(x) dx$.

所以

$$\int_a^{a+T} f(x) dx = \int_a^T f(x) dx + \int_0^a f(x) dx = \int_0^T f(x) dx$$

得证

$$\int_a^{a+T} f(x) dx = \int_0^T f(x) dx$$

【例10】 计算下列定积分：

（1）$\int_{-1}^{1} \sin^2 x(x^3 + \arctan x)\mathrm{d}x$；

（2）$\int_{-a}^{a} (a+x)\dfrac{1}{\sqrt{a^2 - x^2}}\mathrm{d}x$.

【解】（1）积分区间[-1, 1]为对称区间，设

$$f(x) = \sin^2 x(x^3 + \arctan x)$$
$$f(-x) = \sin^2 (-x)\left[(-x)^3 + \arctan (-x)\right]$$
$$= -\sin^2 x(x^3 + \arctan x) = -f(x)$$

被积函数 $f(x)$ 连续且为奇函数，故 $\int_{-1}^{1} \sin^2 x(x^3 + \arctan x)\mathrm{d}x = 0$.

说明：若 $f(x)$ 为连续函数，在对称区间[-a, a]上，当 $f(x)$ 为奇函数时，$\int_{-a}^{a} f(x)\mathrm{d}x = 0$；当 $f(x)$ 为偶函数时，$\int_{-a}^{a} f(x)\mathrm{d}x = 2\int_{0}^{a} f(x)\mathrm{d}x$. 利用这一性质可简化计算，例如下列积分值均为0，因为被积函数均为奇函数（其中 $f(x)$ 为连续函数）.

$$\int_{-1}^{1} \frac{x^3}{\sqrt{1+x^2}}\mathrm{d}x = 0 ; \qquad\qquad \int_{-1}^{1} x^2 \ln(x + \sqrt{1+x^2})\mathrm{d}x = 0 ;$$

$$\int_{-a}^{a}\left[\frac{\mathrm{e}^x}{\mathrm{e}^x + 1} - \frac{1}{2}\right]|x|\mathrm{d}x = 0 ; \qquad\qquad \int_{-a}^{a}[f(x) - f(-x)]\mathrm{e}^{-x^2}\mathrm{d}x = 0 .$$

（2）因为 $\dfrac{x}{\sqrt{a^2 - x^2}}$ 为奇函数，故 $\int_{-a}^{a}\dfrac{x}{\sqrt{a^2 - x^2}}\mathrm{d}x = 0$.

$\dfrac{a}{\sqrt{a^2 - x^2}}$ 为偶函数，故 $\int_{-a}^{a}\dfrac{a}{\sqrt{a^2 - x^2}}\mathrm{d}x = 2\int_{0}^{a}\dfrac{a}{\sqrt{a^2 - x^2}}\mathrm{d}x$，所以有

$$\int_{-a}^{a} (a+x)\frac{1}{\sqrt{a^2 - x^2}}\mathrm{d}x = \int_{-a}^{a}\frac{a}{\sqrt{a^2 - x^2}}\mathrm{d}x + \int_{-a}^{a}\frac{x}{\sqrt{a^2 - x^2}}\mathrm{d}x$$

$$= 2\int_{0}^{a}\frac{a}{\sqrt{a^2 - x^2}}\mathrm{d}x$$

$$= 2\int_{0}^{a}\frac{a\,\mathrm{d}\left(\dfrac{x}{a}\right)}{\sqrt{1 - \left(\dfrac{x}{a}\right)^2}} = 2a \cdot \arcsin\left(\frac{x}{a}\right)\Bigg|_{0}^{a}$$

$$= a\pi$$

（二）直接积分法

不定积分的直接积分法就是用基本积分公式和不定积分的性质求出不定积分，或者先将被积函数经过代数或三角恒等变形后，再用基本积分公式和不定积分的性质求出不定积分的方法. 定积分的直接积分法就是用不定积分的直接积分法求出一个原函数后，再利用牛顿—莱布尼兹公式 $\int_{a}^{b} f(x)\mathrm{d}x = F(x)\big|_{a}^{b} = F(b) - F(a)$ 求出即可.

【例11】 求下列不定积分：

（1）$\int\left(\dfrac{2}{3x^2+3}+\dfrac{4}{\sqrt{9-9x^2}}\right)\mathrm{d}x$；

（2）$\int 6^x \mathrm{e}^{2x}\mathrm{d}x$；

（3）$\int\dfrac{\cos 2x}{\cos x-\sin x}\mathrm{d}x$；

（4）$\int\dfrac{1}{1+\sin x}\mathrm{d}x$.

【解】（1）先化简，再用基本公式.

$$原式=\frac{2}{3}\int\frac{1}{1+x^2}\mathrm{d}x+\frac{4}{3}\int\frac{1}{\sqrt{1-x^2}}\mathrm{d}x=\frac{2}{3}\arctan x+\frac{4}{3}\arcsin x+c \quad（c\text{ 为任意常数}）$$

（2）$\displaystyle\int 6^x\mathrm{e}^{2x}\mathrm{d}x=\int(6\mathrm{e}^2)^x\mathrm{d}x=\frac{(6\mathrm{e}^2)^x}{\ln 6\mathrm{e}^2}+c=\frac{6^x\mathrm{e}^{2x}}{2+\ln 6}+c$

（3）观察被积函数的分母，对分子用公式 $\cos 2x=\cos^2 x-\sin^2 x$，于是有

$$原式=\int(\cos x+\sin x)\mathrm{d}x=\sin x-\cos x+c$$

（4）$原式=\displaystyle\int\frac{1-\sin x}{1-\sin^2 x}\mathrm{d}x=\int\frac{1-\sin x}{\cos^2 x}\mathrm{d}x=\int\left(\frac{1}{\cos^2 x}-\sec x\tan x\right)\mathrm{d}x=\tan x-\sec x+c$

说明：对多个函数的代数和求积分，最后积分常数只写一个.

【例12】 设 $f(x)=\begin{cases}x^2, & x\leqslant 0\\ \sin x, & x>0\end{cases}$，求 $\displaystyle\int f(x)\mathrm{d}x$.

【解】 当 $x\leqslant 0$ 时，$\displaystyle\int f(x)\mathrm{d}x=\int x^2\mathrm{d}x=\frac{x^3}{3}+c_1$.

当 $x>0$ 时，$\displaystyle\int f(x)\mathrm{d}x=\int\sin x\mathrm{d}x=-\cos x+c_2$，于是有

$$\int f(x)\mathrm{d}x=\begin{cases}\dfrac{x^3}{3}+c_1, & x\leqslant 0\\[2mm] -\cos x+c_2, & x>0\end{cases}$$

又因为 $\displaystyle\int f(x)\mathrm{d}x$ 为 $f(x)$ 的原函数，于是在 $x=0$ 处必连续，从而 $\dfrac{0}{3}+c_1=-1+c_2$，即 $c_2=1+c_1$，所以有

$$\int f(x)\mathrm{d}x=\begin{cases}\dfrac{x^3}{3}+c_1, & x\leqslant 0\\[2mm] 1-\cos x+c_1, & x>0\end{cases}$$

其中：c_1 为任意常数.

【例13】 求函数 $F(x)=\displaystyle\int_0^x t(t-4)\mathrm{d}t$ 在 $[-1, 5]$ 上的最大值与最小值.

【解】 由于被积函数 $t(t-4)$ 连续，故 $F(x)$ 可导，且

$$F'(x)=\frac{\mathrm{d}}{\mathrm{d}x}\int_0^x t(t-4)\mathrm{d}t=x(x-4)$$

令 $F'(x)=0$，得驻点 $x_1=0, x_2=4$，所以

$$F(0)=0, \quad F(4)=\int_0^4 t(t-4)\mathrm{d}t=\left(\frac{1}{3}t^3-2t^2\right)\Big|_0^4=-\frac{32}{3}$$

端点值：
$$F(-1) = \int_0^{-1} t(t-4)\,\mathrm{d}t = \left(\frac{1}{3}t^3 - 2t^2\right)\bigg|_0^{-1} = -\frac{7}{3}$$

$$F(5) = \int_0^5 t(t-4)\,\mathrm{d}t = \left(\frac{1}{3}t^3 - 2t^2\right)\bigg|_0^5 = -\frac{25}{3}$$

比较得，最大值为 $F(0) = 0$ ，最小值为 $F(4) = -\frac{32}{3}$.

【例 14】 计算下列定积分：

（1）设 $f(x) = \begin{cases} x^2+1, & 0 \leqslant x \leqslant 1 \\ x+1, & -1 \leqslant x < 0 \end{cases}$ ，求 $\int_{-1}^1 f(x)\,\mathrm{d}x$ ；

（2）$\int_0^{\frac{\pi}{2}} |\sin x - \cos x|\,\mathrm{d}x$.

【解】（1）分段函数在自变量的不同范围内函数关系式不同，因此计算积分时应分段来计算.

$$\int_{-1}^1 f(x)\,\mathrm{d}x = \int_{-1}^0 (x+1)\,\mathrm{d}x + \int_0^1 (x^2+1)\,\mathrm{d}x = \left(\frac{x^2}{2}+x\right)\bigg|_{-1}^0 + \left(\frac{x^3}{3}+x\right)\bigg|_0^1 = \frac{11}{6}$$

（2）含绝对值的函数的积分看做分段函数计算：

$$|\sin x - \cos x| = \begin{cases} \cos x - \sin x, & 0 \leqslant x \leqslant \frac{\pi}{4} \\ \sin x - \cos x, & \frac{\pi}{4} < x \leqslant \frac{\pi}{2} \end{cases}$$

由积分可加性，得

$$\int_0^{\frac{\pi}{2}} |\sin x - \cos x|\,\mathrm{d}x = \int_0^{\frac{\pi}{4}} (\cos x - \sin x)\,\mathrm{d}x + \int_{\frac{\pi}{4}}^{\frac{\pi}{2}} (\sin x - \cos x)\,\mathrm{d}x$$

$$= (\sin x + \cos x)\bigg|_0^{\frac{\pi}{4}} + (-\cos x - \sin x)\bigg|_{\frac{\pi}{4}}^{\frac{\pi}{2}} = 2(\sqrt{2}-1)$$

（三）换元积分法

有的不定积分，不能用直接积分法求出，而需要通过对被积表达式进行适当的变量替换之后，化为新变量的不定积分后求出不定积分，这就是换元积分法. 换元积分法分为第一换元（"凑"微分）积分法和第二换元积分法.

第一换元积分法与求积分过程：

$$\int f(\varphi(x))\varphi'(x)\,\mathrm{d}x = \int f(\varphi(x))\,\mathrm{d}\varphi(x) \xrightarrow{\text{令}\varphi(x)=u} \int f(u)\,\mathrm{d}u \xrightarrow{F'(u)=f(u)} F(u)+c \xrightarrow{u=\varphi(x)} F(\varphi(x))+c$$

第二换元积分法与求积分过程：

$$\int f(x)\,\mathrm{d}x \xrightarrow{\text{令}x=\varphi(t)} \int f(\varphi(t))\varphi'(t)\,\mathrm{d}t \xrightarrow{\text{用积分公式}} F(t)+c \xrightarrow{t=\varphi^{-1}(x)} F[\varphi^{-1}(x)]+c$$

利用牛顿—莱布尼兹公式计算定积分是最基本、最常用的方法，使用定积分的换元法时换元后需注意：**换元必换限，新元代新限**.

【例 15】 求下列不定积分：

（1）$\int (3x+1)^{18}\mathrm{d}x$；　　　　　　（2）$\int x\sqrt{1+x^2}\mathrm{d}x$；

（3）$\int \mathrm{e}^x\mathrm{e}^{\mathrm{e}^x}\mathrm{d}x$；　　　　　　　（4）$\int \dfrac{\cos\sqrt{x}}{\sqrt{x}}\mathrm{d}x$；

（5）$\int \dfrac{1}{x(1+\ln^2 x)}\mathrm{d}x$；　　　　（6）$\int \dfrac{(1+\tan x)^3}{\cos^2 x}\mathrm{d}x$．

【解】（1）$\int (3x+1)^{18}\mathrm{d}x=\dfrac{1}{3}\int(3x+1)^{18}\mathrm{d}(3x+1)=\dfrac{1}{3}\times\dfrac{1}{19}(3x+1)^{19}+c=\dfrac{1}{57}(3x+1)^{19}+c$

（2）$\int x\sqrt{1+x^2}\mathrm{d}x=\dfrac{1}{2}\int(1+x^2)^{\frac{1}{2}}\mathrm{d}(1+x^2)=\dfrac{1}{2}\times\dfrac{2}{3}(1+x^2)^{\frac{3}{2}}+c=\dfrac{1}{3}(1+x^2)^{\frac{3}{2}}+c$

（3）$\int \mathrm{e}^x\mathrm{e}^{\mathrm{e}^x}\mathrm{d}x=\int \mathrm{e}^{\mathrm{e}^x}\mathrm{d}(\mathrm{e}^x)=\mathrm{e}^{\mathrm{e}^x}+c$

（4）$\int \dfrac{\cos\sqrt{x}}{\sqrt{x}}\mathrm{d}x=2\int\cos\sqrt{x}\,\mathrm{d}\sqrt{x}=2\sin\sqrt{x}+c$

（5）$\int \dfrac{1}{x(1+\ln^2 x)}\mathrm{d}x=\int\dfrac{1}{1+\ln^2 x}\cdot\dfrac{1}{x}\mathrm{d}x$

$\qquad=\int\dfrac{1}{1+\ln^2 x}\mathrm{d}(\ln x)=\arctan(\ln x)+c$

（6）$\int \dfrac{(1+\tan x)^3}{\cos^2 x}\mathrm{d}x=\int\left((1+\tan x)^3\cdot\sec^2 x\right)\mathrm{d}x=\int(1+\tan x)^3\mathrm{d}(\tan x)$

$\qquad=\int(1+\tan x)^3\mathrm{d}(1+\tan x)=\dfrac{1}{4}(1+\tan x)^4+c$

说明：此组题目是较为简单的第一换元积分法（"凑"微分法）题，解题的关键是从被积函数中"凑"出一部分使被积表达式成为 $f[\varphi(x)]\varphi'(x)\mathrm{d}x=f[\varphi(x)]\mathrm{d}\varphi(x)$ 的形式．

【例16】　求下列不定积分：

（1）$\int \dfrac{\tan x}{\sqrt{\cos x}}\mathrm{d}x$；　　　　（2）$\int \dfrac{1}{(2-x)\sqrt{1-x}}\mathrm{d}x$；

（3）$\int \sec^4 x\mathrm{d}x$；　　　　　（4）$\int \mathrm{e}^{2x}\cos \mathrm{e}^x\mathrm{d}x$．

【解】（1）$\int \dfrac{\tan x}{\sqrt{\cos x}}\mathrm{d}x=\int\dfrac{\sin x}{\cos x\sqrt{\cos x}}\mathrm{d}x=\int\dfrac{-1}{\cos^{\frac{3}{2}}x}\mathrm{d}(\cos x)=\dfrac{2}{\sqrt{\cos x}}+c$

（2）$\int \dfrac{1}{(2-x)\sqrt{1-x}}\mathrm{d}x=\int\dfrac{1}{\left[1+(\sqrt{1-x})^2\right]\sqrt{1-x}}\mathrm{d}x$

$\qquad=\int\dfrac{-2}{1+(\sqrt{1-x})^2}\mathrm{d}\sqrt{1-x}=-2\arctan\sqrt{1-x}+c$

（3）$\int \sec^4 x\mathrm{d}x=\int\sec^2 x\mathrm{d}(\tan x)$

$\qquad=\int(\tan^2 x+1)\mathrm{d}(\tan x)=\dfrac{1}{3}\tan^3 x+\tan x+c$

（4）$\int \mathrm{e}^{2x}\cos \mathrm{e}^x\mathrm{d}x=\int \mathrm{e}^x\cos \mathrm{e}^x\mathrm{d}(\mathrm{e}^x)=\int \mathrm{e}^x\mathrm{d}(\sin \mathrm{e}^x)=\mathrm{e}^x\sin \mathrm{e}^x-\int\sin \mathrm{e}^x\mathrm{d}(\mathrm{e}^x)$

$$= e^x \sin e^x + \cos e^x + c$$

【例17】 求下列不定积分：

（1）$\displaystyle\int \frac{\cos x - \sin x}{\sqrt[3]{\sin x + \cos x}} dx$；　　　　　（2）$\displaystyle\int \frac{1}{1+e^x} dx$；

（3）$\displaystyle\int (x\ln x)^{\frac{3}{2}}(\ln x + 1) dx$；　　　　　（4）$\displaystyle\int \frac{1-\sin x}{1+\sin x} dx$；

（5）$\displaystyle\int \frac{1}{\sin 2x \cos x} dx$；　　　　　（6）$\displaystyle\int \frac{\arctan \sqrt{x}}{\sqrt{x}(1+x)} dx$；

（7）$\displaystyle\int \frac{x^2+1}{x^4+1} dx$；　　　　　（8）$\displaystyle\int \frac{1+\tan x}{\sin 2x} dx$.

【解】 这是一组较难用第一换元积分法计算的题.

（1）$\displaystyle\int \frac{\cos x - \sin x}{\sqrt[3]{\sin x + \cos x}} dx = \int (\sin x + \cos x)^{-\frac{1}{3}} d(\sin x + \cos x) = \frac{3}{2}(\sin x + \cos x)^{\frac{2}{3}} + c$

（2）$\displaystyle\int \frac{1}{1+e^x} dx = \int \frac{e^{-x}}{1+e^{-x}} dx = -\int \frac{1}{1+e^{-x}} d(1+e^{-x}) = -\ln(1+e^{-x}) + c$

（3）$\displaystyle\int (x\ln x)^{\frac{3}{2}}(\ln x + 1) dx = \int (x\ln x)^{\frac{3}{2}} d(x\ln x) = \frac{2}{5}(x\ln x)^{\frac{5}{2}} + c$

本题的关键是将 $(\ln x + 1) dx$ 凑成 $d(x\ln x)$.

（4）$\displaystyle\int \frac{1-\sin x}{1+\sin x} dx = \int \frac{(1-\sin x)^2}{(1+\sin x)(1-\sin x)} dx$

$$= \int \frac{1-2\sin x + \sin^2 x}{\cos^2 x} dx$$

$$= \int \frac{1}{\cos^2 x} dx + 2\int \frac{1}{\cos^2 x} d(\cos x) + \int \tan^2 x dx$$

$$= \tan x - \frac{2}{\cos x} + \int (\sec^2 x - 1) dx$$

$$= \tan x - \frac{2}{\cos x} + \tan x - x + c$$

$$= 2(\tan x - \sec x) - x + c$$

（5）$\displaystyle\int \frac{1}{\sin 2x \cos x} dx = \int \frac{1}{2\sin x \cos^2 x} dx = \frac{1}{2} \int \frac{\sin^2 x + \cos^2 x}{\sin x \cos^2 x} dx$

$$= \frac{1}{2} \int \frac{\sin x}{\cos^2 x} dx + \frac{1}{2} \int \frac{1}{\sin x} dx = \frac{1}{2} \sec x + \frac{1}{2} \ln|\csc x - \cot x| + c$$

（6）$\displaystyle\int \frac{\arctan \sqrt{x}}{\sqrt{x}(1+x)} dx = 2\int \frac{\arctan \sqrt{x}}{1+(\sqrt{x})^2} d(\sqrt{x}) = 2\int \arctan \sqrt{x} d(\arctan \sqrt{x}) = (\arctan \sqrt{x})^2 + c$

本题的关键是把 $\dfrac{1}{\sqrt{x}(1+x)} dx$ 凑成 $2 d(\arctan \sqrt{x})$.

（7）$\int \dfrac{x^2+1}{x^4+1}dx = \int \dfrac{1+\dfrac{1}{x^2}}{x^2+\dfrac{1}{x^2}}dx = \int \dfrac{1}{\left(x-\dfrac{1}{x}\right)^2+2}d\left(x-\dfrac{1}{x}\right) = \dfrac{1}{\sqrt{2}}\arctan \dfrac{x-\dfrac{1}{x}}{\sqrt{2}}+c$

（8）$\int \dfrac{1+\tan x}{\sin 2x}dx = \int \dfrac{1+\tan x}{2\sin x\cos x}dx = \dfrac{1}{2}\int \dfrac{1+\tan x}{\tan x\cos^2 x}dx$

$\qquad = \dfrac{1}{2}\int \dfrac{1+\tan x}{\tan x}d(\tan x) = \dfrac{1}{2}\int \dfrac{1}{\tan x}d(\tan x)+\dfrac{1}{2}\int d(\tan x)$

$\qquad = \dfrac{1}{2}\ln|\tan x|+\dfrac{1}{2}\tan x+c$

本题的关键是将 $2\sin x\cos x$ 变为 $2\tan x\cos^2 x$.

说明：第一换元积分法解法很巧妙，它运用了拆项、分解、乘以或除以一个因子等技巧，使题目简化，此方法是不定积分方法中最重要的一种方法，也是最应该掌握的一种方法.

【例 18】 求下列不定积分：

（1）设 $f(x) = 2^x+x^2$，求 $\int f'(2x)dx$；

（2）设 $\int f(x)dx = \sin x^2+c$，求 $\int \dfrac{xf(\sqrt{2x^2-1})}{\sqrt{2x^2-1}}dx$.

【解】（1）$\int f'(2x)dx = \dfrac{1}{2}\int f'(2x)d(2x) = \dfrac{1}{2}f(2x)+c$

$\qquad = \dfrac{1}{2}[2^{2x}+(2x)^2]+c = 2^{2x-1}+2x^2+c$

（2）由于 $d(\sqrt{2x^2-1}) = \dfrac{4x}{2\sqrt{2x^2-1}}dx$，于是有

$$\int \dfrac{xf(\sqrt{2x^2-1})}{\sqrt{2x^2-1}}dx = \dfrac{1}{2}\int f(\sqrt{2x^2-1})d(\sqrt{2x^2-1})$$

$$= \dfrac{1}{2}\sin(\sqrt{2x^2-1})^2+c = \dfrac{1}{2}\sin(2x^2-1)+c$$

【例 19】 计算下列定积分：

（1）$\int_0^1 \dfrac{x^4}{1+x^2}dx$；　　　　　　　（2）$\int_0^{\frac{\pi}{4}} \tan^3 xdx$；

（3）$\int_1^{e^3} \dfrac{dx}{x\sqrt{1+\ln x}}$；　　　　　　（4）$\int_0^{\pi} \sqrt{\sin x-\sin^3 x}dx$.

【解】（1）$\int_0^1 \dfrac{x^4}{1+x^2}dx = \int_0^1 \dfrac{x^4-1+1}{1+x^2}dx = \int_0^1 \dfrac{x^4-1}{1+x^2}dx+\int_0^1 \dfrac{1}{1+x^2}dx$

$\qquad = \int_0^1 (x^2-1)dx+\arctan x\Big|_0^1 = \left[\dfrac{x^3}{3}-x\right]\Big|_0^1+\dfrac{\pi}{4}$

$\qquad = -\dfrac{2}{3}+\dfrac{\pi}{4}$

（2）$\displaystyle\int_0^{\frac{\pi}{4}} \tan^3 x \mathrm{d}x = \int_0^{\frac{\pi}{4}} (\sec^2 x - 1)\tan x \mathrm{d}x = \int_0^{\frac{\pi}{4}} \sec^2 x \cdot \tan x \mathrm{d}x - \int_0^{\frac{\pi}{4}} \tan x \mathrm{d}x$

$$= \int_0^{\frac{\pi}{4}} \tan x \mathrm{d}(\tan x) - \int_0^{\frac{\pi}{4}} \frac{\sin x}{\cos x}\mathrm{d}x = \frac{\tan^2 x}{2}\bigg|_0^{\frac{\pi}{4}} + \int_0^{\frac{\pi}{4}} \frac{1}{\cos x}\mathrm{d}(\cos x)$$

$$= \frac{1}{2} + \ln(\cos x)\bigg|_0^{\frac{\pi}{4}} = \frac{1}{2} + \ln\frac{\sqrt{2}}{2} = \frac{1}{2}\left(1 + \frac{1}{2}\ln 2\right)$$

（3）$\displaystyle\int_1^{e^3} \frac{\mathrm{d}x}{x\sqrt{1+\ln x}} = \int_1^{e^3} \frac{\mathrm{d}(1+\ln x)}{\sqrt{1+\ln x}} = 2\sqrt{1+\ln x}\bigg|_1^{e^3} = 2\times(2-1) = 2$

（4）$\displaystyle\int_0^{\pi} \sqrt{\sin x - \sin^3 x}\,\mathrm{d}x = \int_0^{\pi}\sqrt{\sin x(1-\sin^2 x)}\,\mathrm{d}x = \int_0^{\pi}\sqrt{\sin x}\,|\cos x|\mathrm{d}x$

$$= \int_0^{\frac{\pi}{2}}\sqrt{\sin x}\cos x\,\mathrm{d}x - \int_{\frac{\pi}{2}}^{\pi}\sqrt{\sin x}\cos x\,\mathrm{d}x$$

$$= \int_0^{\frac{\pi}{2}}\sqrt{\sin x}\,\mathrm{d}(\sin x) - \int_{\frac{\pi}{2}}^{\pi}\sqrt{\sin x}\,\mathrm{d}(\sin x)$$

$$= \frac{2}{3}(\sin x)^{\frac{3}{2}}\bigg|_0^{\frac{\pi}{2}} - \frac{2}{3}(\sin x)^{\frac{3}{2}}\bigg|_{\frac{\pi}{2}}^{\pi} = \frac{2}{3} + \frac{2}{3} = \frac{4}{3}$$

说明： 对于一些较简单的定积分，可以直接用"凑"微分法. 使用这种方法，不需要设中间变量，因而也不改变积分上下限.

【例 20】 求下列不定积分：

（1）$\displaystyle\int \frac{1}{x\sqrt{4-x^2}}\mathrm{d}x$；　　　　　（2）$\displaystyle\int \frac{\sqrt{x^2-9}}{x^2}\mathrm{d}x$；

（3）$\displaystyle\int \frac{x^2}{(1+x^2)^2}\mathrm{d}x$；　　　　　（4）$\displaystyle\int \frac{\sqrt{x}}{1+\sqrt[3]{x}}\mathrm{d}x$.

【分析】 当被积函数中含有无理函数，且不能用公式或第一换元积分法时，可使用第二换元积分法. 常用变量代换有：当被积函数含有 $\sqrt{a^2-x^2}$，$\sqrt{a^2+x^2}$，$\sqrt{x^2-a^2}$，$\sqrt[n]{ax+b}$ 时，可依次取变量替换式为 $x = a\sin t$，$x = a\tan t$，$x = a\sec t$，$t = \sqrt[n]{ax+b}$，以上替换的目的是去掉被积函数中的根号.

【解】（1）设 $x = 2\sin t$，则 $\mathrm{d}x = 2\cos t\mathrm{d}t$，$\sqrt{4-x^2} = \sqrt{4-4\sin^2 t} = 2\cos t$，于是有

$$\int \frac{1}{x\sqrt{4-x^2}}\mathrm{d}x = \int \frac{2\cos t}{2\sin t \cdot 2\cos t}\mathrm{d}t$$

$$= \frac{1}{2}\int \frac{1}{\sin t}\mathrm{d}t = \frac{1}{2}\ln|\csc t - \cot t| + c$$

$$= \frac{1}{2}\ln\left|\frac{2-\sqrt{4-x^2}}{x}\right| + c \qquad \text{（图 4.1）}$$

（2）设 $x = 3\sec t$，则 $\mathrm{d}x = 3\sec t\tan t\mathrm{d}t$，$\sqrt{x^2-9} = \sqrt{9\sec^2 t - 9} = 3\tan t$，于是有

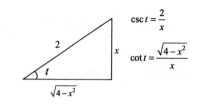

图 4.1

$$\int \frac{\sqrt{x^2-9}}{x^2}dx = \int \frac{3\tan t}{9\sec^2 t}\cdot 3\sec t\cdot \tan t\,dt$$

$$= \int \frac{\tan^2 t}{\sec t}dt = \int (\sec t - \cos t)\,dt$$

$$= \ln\left|\sec t + \tan t\right| - \sin t + c$$

$$= \ln\left|\frac{x}{3} + \frac{\sqrt{x^2-9}}{3}\right| - \frac{\sqrt{x^2-9}}{x} + c_1$$

$$= \ln\left|x + \sqrt{x^2-9}\right| - \frac{\sqrt{x^2-9}}{x} + c$$

其中：$c = c_1 - \ln 3$ （图 4.2）.

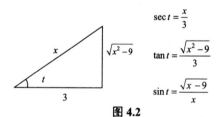

图 4.2

（3）设 $x = \tan t$，则 $dx = \sec^2 t\,dt$，于是有

$$\int \frac{x^2}{(1+x^2)^2}dx = \int \frac{\tan^2 t}{(1+\tan^2 t)^2}\cdot \sec^2 t\,dt = \int \sin^2 t\,dt$$

$$= \int \frac{1-\cos 2t}{2}dt = \frac{1}{2}t - \frac{1}{4}\sin 2t + c$$

$$= \frac{1}{2}\arctan x - \frac{1}{2}\cdot \frac{x}{1+x^2} + c \qquad （图 4.3）$$

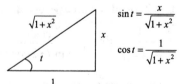

图 4.3

说明：被积函数含有 $(1+x^2)^2$，可作为含有根式 $\sqrt{1+x^2}$ 来处理.

（4）为消去二次根式 $\sqrt{x}$ 与三次根式 $\sqrt[3]{x}$，因 $\sqrt{x}=\sqrt[6]{x^3}$，$\sqrt[3]{x}=\sqrt[6]{x^2}$，可令 $\sqrt[6]{x}=t$，解出

$x = t^6$，则 $dx = 6t^5 dt$，于是有

$$\int \frac{\sqrt{x}}{1+\sqrt[3]{x}} dx = \int \frac{t^3}{1+t^2} \cdot 6t^5 dt = 6\int \frac{t^8}{1+t^2} dt = 6\int \left(t^6 - t^4 + t^2 - 1 + \frac{1}{1+t^2} \right) dt$$

$$= 6 \times \left(\frac{1}{7} t^7 - \frac{1}{5} t^5 + \frac{1}{3} t^3 - t + \arctan t \right) + c$$

$$= 6 \times \left[\frac{1}{7} x\sqrt[6]{x} - \frac{1}{5}\sqrt[6]{x^5} + \frac{1}{3}\sqrt{x} - \sqrt[6]{x} + \arctan (\sqrt[6]{x}) \right] + c$$

【例21】 利用换元法计算下列定积分：

（1） $\int_0^1 e^{x+e^x} dx$ ；

（2） $\int_{-\frac{1}{5}}^{\frac{1}{5}} x\sqrt{2-5x} dx$ ；

（3） $\int_0^{\ln 3} \frac{1}{\sqrt{1+e^x}} dx$ ；

（4） $\int_{\sqrt{2}}^2 \frac{1}{x\sqrt{x^2-1}} dx$.

【解】 在利用换元法时，凡是设中间变量的，一定要在换元的同时注意换限.

（1）令 $e^x = t$，则 $x = \ln t$，$dx = \frac{1}{t} dt$.

当 $x = 0$ 时，$t = 1$ ；当 $x = 1$ 时，$t = e$.

$$\int_0^1 e^{x+e^x} dx = \int_0^1 e^x \cdot e^{e^x} dx = \int_1^e t \cdot e^t \cdot \frac{1}{t} dt$$

$$= \int_1^e e^t dt = e^t \Big|_1^e = e^e - e$$

（2）令 $\sqrt{2-5x} = t$，则 $x = \frac{2-t^2}{5}$，$dx = -\frac{2}{5} t dt$.

当 $x = -\frac{1}{5}$ 时，$t = \sqrt{3}$ ；当 $x = \frac{1}{5}$ 时，$t = 1$.

$$\int_{-\frac{1}{5}}^{\frac{1}{5}} x\sqrt{2-5x} dx = \int_{\sqrt{3}}^1 \frac{2-t^2}{5} \cdot t \cdot \frac{-2}{5} t dt$$

$$= \frac{2}{25} \int_1^{\sqrt{3}} (2t^2 - t^4) dt = \frac{2}{375} (3\sqrt{3} - 7)$$

（3）令 $\sqrt{1+e^x} = t$，则 $x = \ln(t^2-1)$，$dx = \frac{2t}{t^2-1} dt$.

当 $x = \ln 3$ 时，$t = 2$ ；当 $x = 0$ 时，$t = \sqrt{2}$.

$$\int_0^{\ln 3} \frac{1}{\sqrt{1+e^x}} dx = \int_{\sqrt{2}}^2 \frac{2}{t^2-1} dt = \int_{\sqrt{2}}^2 \left(\frac{1}{t-1} - \frac{1}{t+1} \right) dt$$

$$= \ln \left| \frac{t-1}{t+1} \right| \Big|_{\sqrt{2}}^2 = -\ln 3 - 2\ln(\sqrt{2}-1)$$

（4）**方法一**：令 $x = \sec t$，$x \in \left[\sqrt{2}, 2 \right]$，$t \in \left[\frac{\pi}{4}, \frac{\pi}{3} \right]$，$dx = \sec t \tan t dt$，所以有

$$\int_{\sqrt{2}}^2 \frac{1}{x\sqrt{x^2-1}} dx = \int_{\frac{\pi}{4}}^{\frac{\pi}{3}} \frac{\sec t \tan t dt}{\sec t \tan t} = \int_{\frac{\pi}{4}}^{\frac{\pi}{3}} dt = \frac{\pi}{12}$$

方法二：令 $t = \sqrt{x^2 - 1}$，$x \in \left[\sqrt{2}, 2\right]$，$t \in \left[1, \sqrt{3}\right]$，$\mathrm{d}x = \dfrac{1}{\sqrt{t^2 + 1}} t \mathrm{d}t$，所以有

$$\int_{\sqrt{2}}^{2} \frac{1}{x\sqrt{x^2 - 1}} \mathrm{d}x = \int_{1}^{\sqrt{3}} \frac{\mathrm{d}t}{(t^2 + 1)} = \arctan t \Big|_{1}^{\sqrt{3}} = \frac{\pi}{12}$$

方法三：令 $x = \dfrac{1}{t}$，$x \in [\sqrt{2}, 2]$ 时，t 从 $\dfrac{1}{\sqrt{2}}$ 变到 $\dfrac{1}{2}$，$\mathrm{d}x = -\dfrac{\mathrm{d}t}{t^2}$，于是有

$$\int_{\sqrt{2}}^{2} \frac{1}{x\sqrt{x^2 - 1}} \mathrm{d}x = \int_{\frac{1}{\sqrt{2}}}^{\frac{1}{2}} -\frac{\mathrm{d}t}{\sqrt{1 - t^2}} = \arccos t \Big|_{\frac{1}{\sqrt{2}}}^{\frac{1}{2}} = \frac{\pi}{12}$$

说明：利用换元法求定积分，代换的方法常常不止一种，应灵活运用.

（四）分部积分法

公式 设 $u = u(x)$，$v = v(x)$ 有连续的导数，则

$$\int uv' \mathrm{d}x = uv - \int vu' \mathrm{d}x \text{ 或 } \int u \mathrm{d}v = uv - \int v \mathrm{d}u$$

$$\int_a^b uv' \mathrm{d}x = uv \Big|_a^b - \int_a^b vu' \mathrm{d}x \text{ 或 } \int_a^b u \mathrm{d}v = uv \Big|_a^b - \int_a^b v \mathrm{d}u$$

用分部积分法的关键是，当被积函数看做两个函数相乘时，选取哪一个因子为 $u = u(x)$，哪一个因子为 $\mathrm{d}v$（或 v'），当 u 确定后，$\mathrm{d}v$ 就随之而定.

【**例 22**】 求下列不定积分：

（1）$\displaystyle\int xe^{2x}\mathrm{d}x$；   （2）$\displaystyle\int \arccos x \mathrm{d}x$；   （3）$\displaystyle\int \sin\sqrt{x}\mathrm{d}x$；

（4）$\displaystyle\int \ln(1 + x^2)\mathrm{d}x$；   （5）$\displaystyle\int e^x \cos x \mathrm{d}x$.

【**解**】（1）令 $u = x$，$\mathrm{d}v = e^{2x}\mathrm{d}x$，则 $\mathrm{d}u = \mathrm{d}x$，$v = \dfrac{1}{2}e^{2x}$，于是有

$$\int xe^{2x}\mathrm{d}x = \frac{1}{2}\int x\mathrm{d}(e^{2x}) = \frac{1}{2}xe^{2x} - \frac{1}{2}\int e^{2x}\mathrm{d}x = \frac{1}{2}xe^{2x} - \frac{1}{4}e^{2x} + c$$

当运算熟练后，u、v 不需写出.

（2）$\displaystyle\int \arccos x \mathrm{d}x = x\arccos x - \int x\mathrm{d}(\arccos x) = x\arccos x + \int \frac{x}{\sqrt{1 - x^2}}\mathrm{d}x$

$$= x\arccos x - \frac{1}{2}\int (1 - x^2)^{-\frac{1}{2}}\mathrm{d}(1 - x^2) = x\arccos x - \frac{1}{2} \times 2(1 - x^2)^{\frac{1}{2}} + c$$

$$= x\arccos x - \sqrt{1 - x^2} + c$$

（3）应先去根号，再用分部积分法.

设 $\sqrt{x} = t$，则 $x = t^2$，$\mathrm{d}x = 2t\mathrm{d}t$，于是有

$$\int \sin\sqrt{x}\mathrm{d}x = 2\int t\sin t \mathrm{d}t$$

$$= -2\int t\mathrm{d}(\cos t)$$

$$= -2\left(t\cos t - \int \cos t \mathrm{d}t\right)$$

$$= -2t\cos t + 2\sin t + c$$
$$= -2\sqrt{x}\cos\sqrt{x} + 2\sin\sqrt{x} + c$$

（4）$\displaystyle\int \ln(1+x^2)\mathrm{d}x = x\ln(1+x^2) - \int x\mathrm{d}(\ln(1+x^2))$

$$= x\ln(1+x^2) - \int x \cdot \frac{2x}{1+x^2}\mathrm{d}x$$

$$= x\ln(1+x^2) - 2\int \frac{x^2+1-1}{1+x^2}\mathrm{d}x$$

$$= x\ln(1+x^2) - 2\left(\int \mathrm{d}x - \int \frac{1}{1+x^2}\mathrm{d}x\right)$$

$$= x\ln(1+x^2) - 2x + 2\arctan x + c$$

（5）设 $u = \cos x, \mathrm{d}v = \mathrm{e}^x\mathrm{d}x$，则 $v = \mathrm{e}^x$，于是有

$$\int \mathrm{e}^x\cos x\mathrm{d}x = \int \cos x\mathrm{d}(\mathrm{e}^x) = \mathrm{e}^x\cos x - \int \mathrm{e}^x\mathrm{d}(\cos x) = \mathrm{e}^x\cos x + \int \mathrm{e}^x\sin x\mathrm{d}x$$

对于 $\displaystyle\int \mathrm{e}^x\sin x\mathrm{d}x$，令 $u = \sin x$（与第一步类似，仍取三角函数作为 u，否则将出现循环情形），$\mathrm{d}v = \mathrm{e}^x\mathrm{d}x$，则 $v = \mathrm{e}^x$，故 $\displaystyle\int \mathrm{e}^x\sin x\mathrm{d}x = \int \sin x\mathrm{d}(\mathrm{e}^x) = \mathrm{e}^x\sin x - \int \mathrm{e}^x\cos x\mathrm{d}x$.

于是有

$$\int \mathrm{e}^x\cos x\mathrm{d}x = \mathrm{e}^x\cos x + \mathrm{e}^x\sin x - \int \mathrm{e}^x\cos x\mathrm{d}x$$

移项，并除以 2，得

$$\int \mathrm{e}^x\cos x\mathrm{d}x = \frac{1}{2}\mathrm{e}^x(\cos x + \sin x) + c$$

【例 23】 求下列不定积分：

（1）$\displaystyle\int \left(\ln\ln x + \frac{1}{\ln x}\right)\mathrm{d}x$；　　　　（2）$\displaystyle\int \frac{\arctan x}{x^2(1+x^2)}\mathrm{d}x$.

【解】（1）$\displaystyle\int \left(\ln\ln x + \frac{1}{\ln x}\right)\mathrm{d}x = \int \ln\ln x\mathrm{d}x + \int \frac{1}{\ln x}\mathrm{d}x$

$$= x\ln\ln x - \int x\mathrm{d}(\ln\ln x) + \int \frac{1}{\ln x}\mathrm{d}x$$

$$= x\ln\ln x - \int \frac{1}{\ln x}\mathrm{d}x + \int \frac{1}{\ln x}\mathrm{d}x = x\ln\ln x + c$$

（2）$\displaystyle\int \frac{\arctan x}{x^2(1+x^2)}\mathrm{d}x = \int \frac{\arctan x}{x^2}\mathrm{d}x - \int \frac{\arctan x}{1+x^2}\mathrm{d}x$

$$= -\int \arctan x\mathrm{d}\left(\frac{1}{x}\right) - \int \arctan x\mathrm{d}(\arctan x)$$

$$= -\frac{1}{x}\arctan x + \int \frac{1}{x(1+x^2)}\mathrm{d}x - \frac{1}{2}(\arctan x)^2$$

$$= -\frac{1}{x}\arctan x - \frac{1}{2}(\arctan x)^2 + \int \frac{1+x^2-x^2}{x(1+x^2)}\mathrm{d}x$$

$$= -\frac{1}{x}\arctan x - \frac{1}{2}(\arctan x)^2 + \int \frac{1}{x}\mathrm{d}x - \int \frac{x}{1+x^2}\mathrm{d}x$$

$$= -\frac{1}{x}\arctan x - \frac{1}{2}(\arctan x)^2 + \ln x - \frac{1}{2}\ln(1+x^2) + c$$

$$= -\frac{1}{x}\arctan x - \frac{1}{2}(\arctan x)^2 + \ln \frac{x}{\sqrt{1+x^2}} + c .$$

【例24】 求证：（1）设 $f'(\sin^2 x) = \cos^2 x$，则 $f(x) = x - \frac{1}{2}x^2 + c$；

（2） $\int f'(x)f''(x)\mathrm{d}x = \frac{1}{2}[f'(x)]^2 + c .$

【证】 （1） $f'(\sin^2 x) = \cos^2 x = 1 - \sin^2 x$，所以有

$$f(x) = \int f'(x)\mathrm{d}x = \int(1-x)\mathrm{d}x = x - \frac{x^2}{2} + c$$

（2） $\int f'(x)f''(x)\mathrm{d}x = \int f'(x)\mathrm{d}(f'(x))$

$$= \frac{1}{2}[f'(x)]^2 + c$$

【例25】 利用分部积分法求下列定积分：

（1） $\int_1^4 \frac{\ln x}{\sqrt{x}}\mathrm{d}x$；   （2） $\int_0^{\sqrt{3}}\arctan x\mathrm{d}x$；

（3） $\int_0^{\pi}x^2\cos 2x\mathrm{d}x$；   （4） $\int_0^1 x^3\mathrm{e}^{x^2}\mathrm{d}x .$

【分析】 用分部积分法求定积分与不定积分的情况类似，应注意的是，在计算时，对已积出的部分要用积分的上、下限及时代入，未积出的部分仍是一个定积分，其上下限不变. 运算熟练后，可以不设中间变量 u、v，直接计算.

【解】 （1）令 $u = \ln x$，$\mathrm{d}v = \frac{\mathrm{d}x}{\sqrt{x}}$，则 $\mathrm{d}u = \frac{1}{x}\mathrm{d}x$，$v = 2\sqrt{x}$.

$$\int_1^4 \frac{\ln x}{\sqrt{x}}\mathrm{d}x = 2\sqrt{x}\ln x\Big|_1^4 - \int_1^4 2\sqrt{x}\cdot\frac{1}{x}\mathrm{d}x$$

$$= 8\ln 2 - 2\int_1^4 \frac{1}{\sqrt{x}}\mathrm{d}x = 8\ln 2 - 2\times\left(2\sqrt{x}\Big|_1^4\right)$$

$$= 8\ln 2 - 4\times(2-1) = 8\ln 2 - 4$$

（2） $\int_0^{\sqrt{3}}\arctan x\mathrm{d}x = (x\cdot\arctan x)\Big|_0^{\sqrt{3}} - \int_0^{\sqrt{3}}x\mathrm{d}(\arctan x)$

$$= \sqrt{3}\times\frac{\pi}{3} - \int_0^{\sqrt{3}}\frac{x}{1+x^2}\mathrm{d}x$$

$$= \frac{\sqrt{3}}{3}\pi - \frac{1}{2}\int_0^{\sqrt{3}}\frac{1}{1+x^2}\mathrm{d}(1+x^2)$$

$$= \frac{\sqrt{3}}{3}\pi - \frac{1}{2}\ln(1+x^2)\Big|_0^{\sqrt{3}}$$

$$= \frac{\sqrt{3}}{3}\pi - \frac{1}{2}\ln 4$$

$$= \frac{\sqrt{3}}{3}\pi - \ln 2$$

（3） $\int_0^\pi x^2 \cos 2x \mathrm{d}x = \frac{1}{2}\int_0^\pi x^2 \mathrm{d}(\sin 2x)$

$$= \frac{1}{2} \times \left[(x^2 \sin 2x)\Big|_0^\pi - \int_0^\pi \sin 2x \mathrm{d}(x^2) \right]$$

$$= -\frac{1}{2}\int_0^\pi 2x \sin 2x \mathrm{d}x$$

$$= \frac{1}{2}\int_0^\pi x \mathrm{d}(\cos 2x)$$

$$= \frac{1}{2} \times \left[(x \cdot \cos 2x)\Big|_0^\pi - \int_0^\pi \cos 2x \mathrm{d}x \right]$$

$$= \frac{\pi}{2} - \frac{1}{4}\int_0^\pi \cos 2x \mathrm{d}(2x)$$

$$= \frac{\pi}{2} - \frac{1}{4}\sin 2x\Big|_0^\pi = \frac{\pi}{2}$$

（4） $\int_0^1 x^3 \mathrm{e}^{x^2} \mathrm{d}x = \int_0^1 \frac{1}{2}x^2 \mathrm{e}^{x^2} \mathrm{d}(x^2)$ ，令 $x^2 = t$ ，得

$$原式 = \frac{1}{2}\int_0^1 t\mathrm{e}^t \mathrm{d}t = \frac{1}{2}\int_0^1 t\mathrm{d}\mathrm{e}^t = \frac{1}{2} \times \left(t\mathrm{e}^t\Big|_0^1 - \int_0^1 \mathrm{e}^t \mathrm{d}t \right)$$

$$= \frac{1}{2} \times \left(\mathrm{e} - \mathrm{e}^t\Big|_0^1 \right) = \frac{1}{2}$$

【例26】 设 $f(0) = 1$ ， $f(2) = 3$ ， $f'(2) = 5$ ，求 $\int_0^1 xf''(2x)\mathrm{d}x$.

【解】 $\int_0^1 xf''(2x)\mathrm{d}x = \int_0^1 x \cdot \frac{1}{2}f''(2x)\mathrm{d}(2x) = \frac{1}{2}\int_0^1 x\mathrm{d}[f'(2x)]$

$$= \frac{1}{2} \times \left[x \cdot f'(2x)\Big|_0^1 - \int_0^1 f'(2x)\mathrm{d}x \right]$$

$$= \frac{1}{2} \times \left[5 - \frac{1}{2}\int_0^1 f'(2x)\mathrm{d}(2x) \right]$$

$$= \frac{1}{2} \times \left[5 - \frac{1}{2}f(2x)\Big|_0^1 \right]$$

$$= \frac{1}{2} \times \left[5 - \frac{1}{2}f(2) + \frac{1}{2}f(0) \right]$$

$$= \frac{1}{2} \times \left[5 - \frac{3}{2} + \frac{1}{2} \right] = 2$$

（五）无穷区间上的广义积分

前面所讨论的定积分是以有限积分区间与有界被积函数为前提的，这样的定积分称为**常义积分**. 但是在实际问题中，有时还需要研究无穷区间上的定积分或无界被积函数的定积分，这两类被推广了的定积分统称为**广义积分**. 现在仅给出无穷区间上的广义积分定义.

定义： 设函数 $f(x)$ 在 $[a,+\infty)$ 上连续，称 $\lim\limits_{b\to+\infty}\int_a^b f(x)\mathrm{d}x$ 为 $f(x)$ 在 $[a,+\infty)$ 上的**广义积分**，记作 $\int_a^{+\infty} f(x)\mathrm{d}x$，即 $\int_a^{+\infty} f(x)\mathrm{d}x = \lim\limits_{b\to+\infty}\int_a^b f(x)\mathrm{d}x$.

若 $\lim\limits_{b\to+\infty}\int_a^b f(x)\mathrm{d}x$ 存在，则说广义积分 $\lim\limits_{b\to+\infty}\int_a^b f(x)\mathrm{d}x$ 存在或收敛. 如果 $\lim\limits_{b\to+\infty}\int_a^b f(x)\mathrm{d}x$ 不存在，则说广义积分 $\lim\limits_{b\to+\infty}\int_a^b f(x)\mathrm{d}x$ 不存在或发散.

类似地，可定义 $f(x)$ 在 $(-\infty,b]$ 上的广义积分为 $\int_{-\infty}^b f(x)\mathrm{d}x = \lim\limits_{a\to-\infty}\int_a^b f(x)\mathrm{d}x$.

$f(x)$ 在 $(-\infty,+\infty)$ 上的广义积分定义为 $\int_{-\infty}^{+\infty} f(x)\mathrm{d}x = \int_{-\infty}^c f(x)\mathrm{d}x + \int_c^{+\infty} f(x)\mathrm{d}x$.

其中 c 为任意常数，当右端两个广义积分都收敛时，广义积分 $\int_{-\infty}^{+\infty} f(x)\mathrm{d}x$ 才是收敛的，否则是发散的.

【例 27】 计算下列广义积分：

$$(1)\ \int_0^{+\infty}\frac{1}{\mathrm{e}^x+\mathrm{e}^{-x}}\mathrm{d}x\ ; \qquad\qquad (2)\ \int_0^{+\infty}\mathrm{e}^{-x}\cos x\mathrm{d}x.$$

【解】 （1） $\displaystyle\int_0^{+\infty}\frac{1}{\mathrm{e}^x+\mathrm{e}^{-x}}\mathrm{d}x = \lim_{b\to+\infty}\int_0^b\frac{1}{\mathrm{e}^x+\dfrac{1}{\mathrm{e}^x}}\mathrm{d}x = \lim_{b\to+\infty}\int_0^b\frac{\mathrm{e}^x}{\mathrm{e}^{2x}+1}\mathrm{d}x$

$$= \lim_{b\to+\infty}\int_0^b\frac{\mathrm{d}(\mathrm{e}^x)}{1+(\mathrm{e}^x)^2} = \lim_{b\to+\infty}\arctan(\mathrm{e}^x)\Big|_0^b$$

$$= \lim_{b\to+\infty}\arctan(\mathrm{e}^b) - \frac{\pi}{4}$$

$$= \frac{\pi}{2} - \frac{\pi}{4} = \frac{\pi}{4}$$

说明： $\displaystyle\int_a^{+\infty} f(x)\mathrm{d}x = \lim_{b\to+\infty}\int_a^b f(x)\mathrm{d}x = \lim_{b\to+\infty}F(x)\Big|_a^b = \lim_{b\to+\infty}F(b)-F(a)$，也可简写为

$$\int_a^{+\infty} f(x)\mathrm{d}x = F(x)\Big|_a^{+\infty} = \lim_{x\to+\infty}F(x)-F(a)$$

（2） $\displaystyle\int_0^{+\infty}\mathrm{e}^{-x}\cos x\mathrm{d}x = -\int_0^{+\infty}\cos x\mathrm{d}(\mathrm{e}^{-x})$

$$= -\cos x\cdot\mathrm{e}^{-x}\Big|_0^{+\infty} + \int_0^{+\infty}\mathrm{e}^{-x}\mathrm{d}(\cos x)$$

$$= 1 - \int_0^{+\infty}\mathrm{e}^{-x}\sin x\mathrm{d}x = 1 + \int_0^{+\infty}\sin x\mathrm{d}(\mathrm{e}^{-x})$$

$$= 1 + \sin x \cdot e^{-x} \Big|_0^{+\infty} - \int_0^{+\infty} e^{-x} d(\sin x)$$

$$= 1 - \int_0^{+\infty} e^{-x} \cos x dx$$

移项，得 $2\int_0^{+\infty} e^{-x} \cos x dx = 1$ ，故 $\int_0^{+\infty} e^{-x} \cos x dx = \dfrac{1}{2}$.

【例 28】 讨论当 k 为何值时，积分 $\int_2^{+\infty} \dfrac{dx}{x(\ln x)^k}$ 收敛？何时发散？

【解】 **方法一**：当 $k \neq 1$ 时，得

$$\lim_{b \to +\infty} \int_2^b \frac{dx}{x(\ln x)^k} = \lim_{b \to +\infty} \frac{1}{1-k} (\ln x)^{1-k} \Big|_2^b = \lim_{b \to +\infty} \frac{1}{1-k} [(\ln b)^{1-k} - (\ln 2)^{1-k}]$$

$$= \begin{cases} \dfrac{1}{k-1} (\ln 2)^{1-k}, & k > 1 \\ +\infty, & k < 1 \end{cases}$$

当 $k = 1$ 时，$\lim\limits_{b \to +\infty} \int_2^b \dfrac{dx}{x \ln x} = \lim\limits_{b \to +\infty} \ln \ln x \Big|_2^b = \lim\limits_{b \to +\infty} (\ln \ln b - \ln \ln 2) = +\infty$.

故当 $k > 1$ 时，此广义积分收敛；当 $k \leqslant 1$ 时，此广义积分发散.

方法二：令 $t = \ln x$ ，得

$$\int_2^{+\infty} \frac{dx}{x(\ln x)^k} = \int_2^{+\infty} \frac{d(\ln x)}{(\ln x)^k} = \int_{\ln 2}^{+\infty} \frac{dt}{t^k} = \begin{cases} \dfrac{1}{k-1} (\ln 2)^{1-k}, & k > 1 \\ +\infty, & k < 1 \end{cases}$$

当 $k = 1$ 时，$\int_{\ln 2}^{+\infty} \dfrac{dt}{t^k} = \int_{\ln 2}^{+\infty} \dfrac{dt}{t} = \ln t \Big|_{\ln 2}^{+\infty} = +\infty$.

因此，当 $k > 1$ 时，此广义积分收敛；当 $k \leqslant 1$ 时，此广义积分发散.

（六）定积分的应用

【例 29】 求曲线 $y = |\ln x|$ 与直线 $y = 0$ ，$x = \dfrac{1}{e}$ ，$x = e$ 所围平面图形的面积.

【解】（1）画出所求面积的图形（图 4.4）.

（2）选 x 为积分变量，积分区间为 $\left[\dfrac{1}{e}, 1\right]$ 和 $[1, e]$ 两部分.

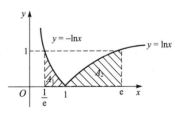

图 4.4

（3）求面积微元：

$$y = -\ln x, \quad x \in \left[\frac{1}{e}, 1\right]$$

$$y = \ln x, \quad x \in [1, e]$$

$$dA_1 = -\ln x dx, \quad dA_2 = \ln x dx$$

（4）计算图形面积：

$$A = A_1 + A_2 = \int_{\frac{1}{e}}^{1}(-\ln x)\mathrm{d}x + \int_{1}^{e}\ln x\mathrm{d}x$$

$$= -x \cdot \ln x\Big|_{\frac{1}{e}}^{1} + \int_{\frac{1}{e}}^{1}x\mathrm{d}(\ln x) + x \cdot \ln x\Big|_{1}^{e} - \int_{1}^{e}x\mathrm{d}(\ln x)$$

$$= -\frac{1}{e} + \int_{\frac{1}{e}}^{1}1\mathrm{d}x + e - \int_{1}^{e}1\mathrm{d}x = -\frac{1}{e} + 1 - \frac{1}{e} + e - e + 1$$

$$= 2 - \frac{2}{e}$$

【例30】 求抛物线 $x = y^2$ 与直线 $x - y - 2 = 0$ 所围图形面积.

【解】 画出所求面积的图形（图4.5）.

联立方程 $\begin{cases} x = y^2 \\ x - y - 2 = 0 \end{cases}$

解得交点为 $A(1, -1)$ ， $B(4, 2)$.

解法一：积分变量选 y ，积分区间为 $[-1, 2]$ ，则

$$A = \int_{-1}^{2}(2 + y - y^2)\mathrm{d}y = \left(2y + \frac{1}{2}y^2 - \frac{1}{3}y^3\right)\Big|_{-1}^{2}$$

$$= 4 + 2 - \frac{8}{3} - \left(-2 + \frac{1}{2} + \frac{1}{3}\right) = \frac{9}{2}$$

解法二：如图4.6所示，选 x 为积分变量，积分区间为 $[0, 1]$ 和 $[1, 4]$ ，积分曲线为 $y = \pm\sqrt{x}$ ，则

$$A = A_1 + A_2$$

$$= \int_{0}^{1}\left[\sqrt{x} - (-\sqrt{x})\right]\mathrm{d}x + \int_{1}^{4}\left[\sqrt{x} - (x - 2)\right]\mathrm{d}x$$

$$= \int_{0}^{1}2\sqrt{x}\mathrm{d}x + \int_{1}^{4}(\sqrt{x} - x + 2)\mathrm{d}x$$

$$= 2 \times \frac{2}{3}x^{\frac{3}{2}}\Big|_{0}^{1} + \left(\frac{2}{3}x^{\frac{3}{2}} - \frac{x^2}{2} + 2x\right)\Big|_{1}^{4}$$

$$= \frac{4}{3} + \frac{19}{6} = \frac{9}{2}$$

说明：比较两种算法可见，取 y 作为积分变量要简便得多. 因此，对具体问题应选择积分简便的计算方法.

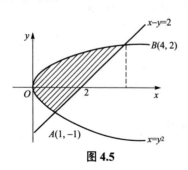

图4.5

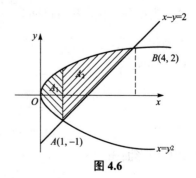

图4.6

【**例31**】 求由曲线 $x=\sqrt{2-y}$，直线 $y=x$ 及 y 轴所围平面图形绕 x 轴旋转一周所得的旋转体的体积.

【**解**】 画出所围图形（图4.7）.

求交点 $\begin{cases} x=\sqrt{2-y} \\ y=x \end{cases}$ 得 $A(1,1)$.

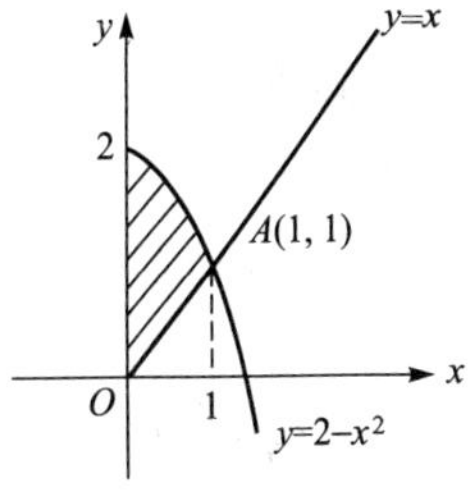

图 4.7

由 $x=\sqrt{2-y}$ 得 $y=2-x^2$，得体积微元为 $\mathrm{d}V=\pi(2-x^2)^2\mathrm{d}x-\pi x^2\mathrm{d}x$.

所求旋转体的体积为

$$V_x=\int_0^1\pi(2-x^2)^2\mathrm{d}x-\int_0^1\pi x^2\mathrm{d}x$$

$$=\pi\int_0^1(4+x^4-4x^2)\mathrm{d}x-\pi\cdot\frac{x^3}{3}\Big|_0^1$$

$$=\pi\left(4x+\frac{x^5}{5}-\frac{4}{3}x^3\right)\Big|_0^1-\frac{\pi}{3}$$

$$=\frac{38}{15}\pi$$

【**例32**】 已知某产品的边际成本和边际收益分别为

$$C'(x)=x^2-4x+6，\quad R'(x)=105-2x$$

且固定成本为100万元，其中 x 为生产量（台）.

求：（1）总成本函数，总收益函数，总利润函数.

（2）生产量为多少时，总利润最大？最大利润是多少？

（3）在利润最大的产出水平上，若多生产了2台，总利润有何改变？

【**解**】（1）总成本函数 $C(x)=\int_0^x C'(x)\mathrm{d}x+C_0$

$$=\int_0^x(x^2-4x+6)\mathrm{d}x+100$$

$$=\frac{x^3}{3}-2x^2+6x+100$$

总收益函数 $R(x)=R(0)+\int_0^x R'(x)\mathrm{d}x \qquad (R(0)=0)$

$$=\int_0^x(105-2x)\mathrm{d}x=105x-x^2$$

总利润函数 $L(x)=R(x)-C(x)$

$$=105x-x^2-\left(\frac{x^3}{3}-2x^2+6x+100\right)$$

$$=-\frac{x^3}{3}+x^2+99x-100$$

（2）**解法一**：$L'(x)=-x^2+2x+99$

令 $L'(x)=0$，得 $x=11$（唯一驻点）.

又因为

$$L''(x) = -2x + 2 , \quad L''(11) = -20 < 0$$

故当 $x = 11$ 台时，$L(x)$ 有最大值，即最大利润为

$$L(11) = -\frac{11^3}{3} + 11^2 + 99 \times 11 - 100 = \frac{1999}{3} \ （万元）$$

解法二：求最大利润也可应用利润最大原则，即当 $R'(x) = C'(x)$ 时利润最大，从而确定产出水平.

由利润最大原则 $R'(x) = C'(x)$，即

$$105 - 2x = x^2 - 4x + 6$$

解得 $x = 11$，$x = -9$（舍去）.

$x = 11$ 台时利润最大，最大利润为

$$
\begin{aligned}
L(11) &= \int_0^{11} \big[R'(x) - C'(x) \big] dx - C_0 \\
&= \int_0^{11} \big[105 - 2x - \big(x^2 - 4x + 6 \big) \big] dx - 100 \\
&= \int_0^{11} (-x^2 + 2x + 99) dx - 100 \\
&= \left(-\frac{x^3}{3} + x^2 + 99x \right)\Bigg|_0^{11} - 100 \\
&= -\frac{11^3}{3} + 11^2 + 99 \times 11 - 100 \\
&= \frac{1999}{3} \ （万元）
\end{aligned}
$$

（3）**解法一**：总利润的改变量为

$$
\begin{aligned}
\Delta L &= L(13) - L(11) \\
&= -\frac{13^3}{3} + 13^2 + 99 \times 13 - 100 - \frac{1999}{3} \\
&= -\frac{128}{3} \ （万元）
\end{aligned}
$$

即当产量 $x = 11$ 台时再多生产 2 台，总利润将减少 $\dfrac{128}{3}$ 万元.

解法二：若已知边际成本函数，边际收益函数，在未求出总利润函数的情况下，也可如下求生产量由 a 改变到 b 时，利润的改变量 $\Delta L = \int_a^b \big[R'(x) - C'(x) \big] dx$.

$$
\begin{aligned}
\Delta L &= \int_{11}^{13} \big[R'(x) - C'(x) \big] dx = \int_{11}^{13} \big[105 - 2x - (x^2 - 4x + 6) \big] dx \\
&= \int_{11}^{13} (-x^2 + 2x + 99) dx = \left(-\frac{x^3}{3} + x^2 + 99x \right)\Bigg|_{11}^{13} \\
&= -\frac{128}{3} \ （万元）
\end{aligned}
$$

四、复 习 题 四

1. 单项选择题

(1) $\sqrt{x}$ 是下列哪个函数的一个原函数: ( ).

  A. $\dfrac{1}{2x}$ B. $\dfrac{1}{2\sqrt{x}}$

  C. $\ln x$ D. $\sqrt{x^3}$

(2) 设 $f'(x)$ 存在且连续，则 $\left[\int \mathrm{d}f(x)\right]' = $ ( ).

  A. $f(x)$ B. $f'(x)$

  C. $f(x)+c$ D. $f'(x)+c$

(3) $\left(\int \arcsin x \mathrm{d}x\right)' = $ ( ).

  A. $\dfrac{1}{\sqrt{1-x^2}}+c$ B. $\dfrac{1}{\sqrt{1-x^2}}$

  C. $\arcsin x + c$ D. $\arcsin x$

(4) 下列凑微分正确的是 ( ).

  A. $2x\mathrm{e}^{x^2}\mathrm{d}x = \mathrm{d}(\mathrm{e}^{x^2})$ B. $\dfrac{1}{x+1}\mathrm{d}x = \mathrm{d}(\ln x + 1)$

  C. $\arctan x \mathrm{d}x = \mathrm{d}\left(\dfrac{1}{1+x^2}\right)$ D. $\cos 2x\mathrm{d}x = \mathrm{d}(\sin 2x)$

(5) 如果 $\int f(x)\mathrm{d}x = F(x)+c$, 则 $\int \mathrm{e}^{-x}f(\mathrm{e}^{-x})\mathrm{d}x = $ ( ).

  A. $F(\mathrm{e}^x)+c$ B. $-F(\mathrm{e}^{-x})+c$

  C. $F(\mathrm{e}^{-x})+c$ D. $\dfrac{F(\mathrm{e}^{-x})}{x}+c$

(6) 在区间 (a, b) 内如果 $f'(x)=\varphi'(x)$, 则一定有 ( ).

  A. $f(x)=\varphi(x)+c$ B. $f(x)=\varphi(x)$

  C. $\left[\int f(x)\mathrm{d}x\right]' = \left[\int \varphi(x)\mathrm{d}x\right]'$ D. $\int \mathrm{d}f(x) = \int \mathrm{d}\varphi(x)+c$

(7) $\int \dfrac{1}{1+\cos x}\mathrm{d}x = $ ( ).

  A. $-\cot x + \csc x + c$ B. $\cot x - \csc x + c$

  C. $\tan x - \sec x + c$ D. $\tan\left(\dfrac{x}{2}-\dfrac{\pi}{4}\right)$

(8) $f'(x^2) = \dfrac{1}{x}(x>0)$, 则 $f(x) = $ ( ).

  A. $2x+c$ B. $2\sqrt{x}+c$

  C. x^2+c D. $\dfrac{1}{\sqrt{x}}+c$

（9）$\int xf(x^2)f'(x^2)\mathrm{d}x=$（　　）.

    A. $\dfrac{1}{2}f^2(x)+c$ B. $\dfrac{1}{2}f^2(x^2)+c$

    C. $\dfrac{1}{4}f^2(x)+c$ D. $\dfrac{1}{4}f^2(x^2)+c$

（10）若 $F(x)$ 是 $f(x)$ 的原函数，$a\neq 0$，c 为任意常数，则 $\int f(ax+b)\mathrm{d}x=$（　　）.

    A. $F(ax+b)+c$ B. $\dfrac{1}{a}F(x)+c$

    C. $F(x)$ D. $\dfrac{1}{a}F(ax+b)+c$

2. 填空题

（1）$\int\left(\tan\dfrac{\pi}{3}+2\right)\mathrm{d}x=$ _____.

（2）$\int \mathrm{e}^x\cos \mathrm{e}^x\mathrm{d}x=$ _____.

（3）$\left[\int f(x)\mathrm{d}x\right]'=$ _____.

（4）函数 $f'(x)$ 的不定积分是 _____.

（5）已知 $f(x)=\int(1-2x)^{100}\mathrm{d}x$，则 $f(x)=$ _____.

（6）若 $f'(x)=\dfrac{1}{\sqrt{1-x^2}}$，且 $f(1)=\dfrac{3}{2}\pi$，则 $f(x)=$ _____.

（7）若 $\int f(x)\mathrm{d}x=\mathrm{e}^{-x^2}+c$，则 $f(x)=$ _____.

（8）通过点 $\left(1,\dfrac{\pi}{4}\right)$ 且斜率为 $\dfrac{1}{1+x^2}$ 的曲线方程为 _____.

（9）若 $f'(x)=1$，且 $f(0)=0$，则 $\int f(x)\mathrm{d}x=$ _____.

（10）若 $F(x)$ 是 $f(x)$ 的一个原函数，则 $2\int xf(x^2)\mathrm{d}x=$ _____.

3. 判断题

（1）$f(x)$ 在 $[a,b]$ 上连续是 $f(x)$ 在 $[a,b]$ 上可积的充分不必要条件.（　　）

（2）$\int_a^b f(x)\mathrm{d}x=0$，则在 $[a,b]$ 上 $f(x)\equiv 0$.（　　）

（3）$\int_{-\frac{\pi}{2}}^{\frac{\pi}{2}}\sqrt{\cos x+\cos^3 x}\,\mathrm{d}x=0$.（　　）

（4）在区间 $[a,b]$ 上，若 $f(x)>0$，$f'(x)>0$，$f(x)<0$ 根据定积分的几何意义，有不等式 $(b-a)\dfrac{f(a)+f(b)}{2}<\int_a^b f(x)\mathrm{d}x<(b-a)f(b)$ 成立.（　　）

（5）广义积分 $\int_1^{+\infty}x^p\mathrm{d}x$，当 $p>1$ 时收敛.（　　）

（6）$\lim\limits_{n\to\infty}n\left(\dfrac{1}{n^2+1^2}+\dfrac{1}{n^2+2^2}+\cdots+\dfrac{1}{n^2+n^2}\right)=1$.（　　）

4．求下列极限：

（1）$\displaystyle\lim_{x\to 0}\frac{\int_0^x 2t\cos t\,dt}{1-\cos x}$；

（2）$\displaystyle\lim_{x\to 0}\frac{\int_0^{\sin x}\sqrt{\tan t}\,dt}{\int_0^{\tan x}\sqrt{\sin t}\,dt}$；

（3）$\displaystyle\lim_{x\to 0}\frac{\int_0^x \frac{\ln(1+t^3)}{t}\,dt}{x-\sin x}$；

（4）$\displaystyle\lim_{x\to 1}\frac{\int_1^{x^2}(t-1)\ln t\,dt}{(x-1)^3}$．

5．计算下列不定积分：

（1）$\displaystyle\int\frac{3x^2-2x-1}{x\sqrt{x}}\,dx$；

（2）$\displaystyle\int\frac{x^2+x+1}{x(1+x^2)}\,dx$；

（3）$\displaystyle\int\cot^2 x\,dx$；

（4）$\displaystyle\int\frac{1+\sin x}{1-\sin x}\,dx$．

6．求下列定积分：

（1）$\displaystyle\int_0^\pi \sin^2\frac{x}{2}\,dx$；

（2）$\displaystyle\int_{-1}^1 (2x+|x|+1)^2\,dx$；

（3）$\displaystyle\int_{-1}^1 x^2(\sin^3 x+e^{x^3})\,dx$；

（4）$\displaystyle\int_0^1 \frac{e^{2x}-1}{e^x-1}\,dx$．

7．用凑微分法求下列不定积分：

（1）$\displaystyle\int\frac{1}{\sqrt[3]{2-3x}}\,dx$；

（2）$\displaystyle\int\frac{1}{\sqrt{x-x^2}}\,dx$；

（3）$\displaystyle\int\sqrt{1+\sin x}\,dx$；

（4）$\displaystyle\int\frac{\cos x}{\sqrt{\sin x}}\,dx$；

（5）$\displaystyle\int\frac{\sqrt[3]{1+\ln x}}{x}\,dx$；

（6）$\displaystyle\int\frac{x^3}{9+x^8}\,dx$；

（7）$\displaystyle\int\frac{\arctan\sqrt{x}}{\sqrt{x}(1+x)}\,dx$；

（8）$\displaystyle\int\frac{\ln(\tan x)}{\sin x\cos x}\,dx$ $\left[\text{提示：}\displaystyle\int\ln(\tan x)\cdot\frac{1}{\tan x}\cdot\frac{1}{x\cos^2 x}\,dx\right]$．

8．用第二换元积分法求下列不定积分：

（1）$\displaystyle\int\frac{\sqrt{4-x^2}}{x^2}\,dx$；

（2）$\displaystyle\int\frac{1}{x\sqrt{1-x^2}}\,dx$；

（3）$\displaystyle\int\frac{1}{\sqrt{(x^2-1)^3}}\,dx$；

（4）$\displaystyle\int\frac{1}{x^2\sqrt{x(1+x^3)}}\,dx$ $\left[\text{提示：作}x=\frac{1}{t}\text{变换}\right]$．

9．用换元积分法计算下列定积分：

（1）$\displaystyle\int_0^{\ln 2} e^x(1+e^x)^2\,dx$；

（2）$\displaystyle\int_0^{\frac{\pi}{2}}\sqrt{\cos x-\cos^3 x}\,dx$；

（3）$\displaystyle\int_0^4 \frac{x+2}{\sqrt{2x+1}}\,dx$；

（4）$\displaystyle\int_0^1 \frac{1}{\sqrt{1+x^2}}\,dx$．

10．用分部积分法求下列不定积分：

（1）$\displaystyle\int\frac{x}{\sin^2 x}\,dx$；

（2）$\displaystyle\int x\sec^2 x\,dx$；

（3）$\displaystyle\int x^2\cos x\,dx$；

（4）$\displaystyle\int\frac{\arctan x}{x^2}\,dx$；

（5）$\displaystyle\int\sin(\ln x)\,dx$；

（6）$\displaystyle\int(\arcsin x)^2\,dx$．

11. 用分部积分法计算下列定积分：

（1）$\int_1^e x^2 \ln x \, dx$ ；

（2）$\int_0^1 \sqrt{x} \, e^{\sqrt{x}} \, dx$ ；

（3）$\int_0^{\frac{\pi}{2}} e^{2x} \cos x \, dx$ ；

（4）$\int_0^1 \ln(1+\sqrt{x}) \, dx$.

12. 用适当的方法求下列不定积分：

（1）$\int \dfrac{x^3}{1+x^2} \, dx$ ；

（2）$\int x^3 \sqrt{1-x^2} \, dx$ ；

（3）$\int \dfrac{1}{e^{\sqrt{x}}} \, dx$ ；

（4）$\int \dfrac{1}{(1+e^x)^2} \, dx$ ；

（5）$\int \dfrac{\sin x \cos x}{1+\sin^4 x} \, dx$ ；

（6）$\int \dfrac{1}{x^2-4x+10} \, dx$ ；

（7）$\int \ln(x+\sqrt{1+x^2}) \, dx$ ；

（8）$\int \dfrac{1}{1+\sin x+\cos x} \, dx$ ；

（9）已知 $f(x)$ 一个原函数为 $x \ln x$，求 $\int x f'(x) \, dx$ ；

（10）若 $\int f(x) \, dx = xf(x) - \int \dfrac{x}{\sqrt{1+x^2}} \, dx$，求 $f(x)$.

13. 计算下列广义积分：

（1）$\int_{\frac{2}{\pi}}^{+\infty} \dfrac{1}{x^2} \cos \dfrac{1}{x} \, dx$ ；

（2）$\int_{-\infty}^{+\infty} \dfrac{1}{x^2+2x+2} \, dx$ ；

（3）$\int_0^{+\infty} x e^{-x} \, dx$ ；

（4）$\int_0^{+\infty} \dfrac{x}{(x+1)^3} \, dx$.

14. 求由方程 $\int_0^y e^t \, dt + \int_0^x \sin t \, dt = 0$ 所确定的隐函数 $y=y(x)$ 的导数.

15. 求函数 $f(x) = \int_{\sin x}^{\cos x} e^{t^2} \, dt$ 的导数 $f'(0)$.

16. 求由曲线 $y=x^2$，$y=2x^2$ 与 $y=1$ 围成图形的面积.

17. 设平面图形 D 由抛物线 $y=1-x^2$ 和 x 轴围成. 试求：

（1）D 的面积；

（2）D 绕 x 轴旋转所得旋转体的体积；

（3）D 绕 y 轴旋转所得旋转体的体积.

18. 已知某产品的需求函数为 $Q=150-\dfrac{1}{3}p$，生产该产品的边际成本为 $C'(Q)=0.8Q+42$，固定成本为 $C(0)=1\,240$ 元. 问产量为多少时，获利最大？最大利润为多少？

五、复习题四答案

1. （1）B （2）B （3）D （4）A （5）B （6）A （7）A （8）B （9）D （10）D

2. （1）$\left(\tan \dfrac{\pi}{3}+2\right)x+c$ 　（2）$\sin e^x + c$ 　（3）$f(x)$ 　（4）$f(x)+c$

（5）$-\dfrac{1}{202}(1-2x)^{101}+c$ 　（6）$\arcsin x + \pi$ 　（7）$-2xe^{-x^2}$

（8）　$y = \arctan x$　　　　　　（9）　$\dfrac{x^2}{2} + c$　　　　　　（10）　$F(x^2) + c$

3.　（1）　√　　（2）　×　　（3）　×

　　（4）　√$\left[\text{提示：} (b-a)\dfrac{f(a)+f(b)}{2} \text{为直边梯形面积，}\right.$

　　　　　$\left. \displaystyle\int_a^b f(x)\mathrm{d}x \text{为曲边梯形面积，} (b-a)f(b) \text{为矩形面积}\right]$

　　（5）　×

　　（6）　×$\left[\text{提示：原式} = \lim\limits_{n\to\infty}\dfrac{1}{n}\left(\dfrac{1}{1+\left(\dfrac{1}{n}\right)^2} + \dfrac{1}{1+\left(\dfrac{2}{n}\right)^2} + \cdots + \dfrac{1}{1+\left(\dfrac{n}{n}\right)^2}\right)\right.$

　　　　　　　　　　　　　$\left. = \displaystyle\int_0^1 \dfrac{1}{1+x^2}\mathrm{d}x = \arctan x \Big|_0^1 = \dfrac{\pi}{4}\right]$

4.　（1）2　　（2）1 [提示：$x \to 0^+$，$\tan(\sin x) \sim \sin x \sim x$，$\sin(\tan x) \sim \tan x \sim x$，无穷小

　　量代换]　　（3）2　　（4）$\dfrac{8}{3}$

5.　（1）$2x^{\frac{3}{2}} - 4\sqrt{x} + 2\dfrac{1}{\sqrt{x}} + c$　　　　　　（2）$\ln|x| + \arctan x + c$

　　（3）$-\cot x - x + c$　　　　　　　　　（4）$2\tan x + 2\sec x - x + c$

6.　（1）$\dfrac{\pi}{2}$　　　　（2）$\dfrac{22}{3}$　　　　（3）$\dfrac{1}{3}\left(e - \dfrac{1}{e}\right)$　　　　（4）e

7.　（1）$-\dfrac{1}{2}(2-3x)^{\frac{2}{3}} + c$　　　　　　（2）$2\arcsin\sqrt{x} + c$

　　（3）$-2\sqrt{1-\sin x} + c$　　　　　　　（4）$2\sqrt{\sin x} + c$

　　（5）$\dfrac{3}{4}(1+\ln x)^{\frac{4}{3}} + c$　　　　　　（6）$\dfrac{1}{12}\arctan\dfrac{x^4}{3} + c$

　　（7）$(\arctan\sqrt{x})^2 + c$　　　　　　（8）$\dfrac{1}{2}[\ln(\tan x)]^2 + c$

8.　（1）$-\dfrac{\sqrt{4-x^2}}{x} - \arcsin\dfrac{x}{2} + c$　　　　（2）$\ln\left|\dfrac{1-\sqrt{1-x^2}}{x}\right| + c$

　　（3）$-\dfrac{x}{\sqrt{x^2-1}} + c$　　　　　　　（4）$-\dfrac{2}{3}\dfrac{\sqrt{1+x^3}}{x^{\frac{3}{2}}} + c$

9.　（1）$\dfrac{19}{3}$　　　（2）$\dfrac{2}{3}$　　　（3）$\dfrac{22}{3}$　　　　（4）$\ln(\sqrt{2}+1)$

10.　（1）$-x\cot x + \ln|\sin x| + c$　　　　（2）$x\tan x + \ln|\cos x| + c$

　　（3）$x^2\sin x + 2(x\cos x - \sin x) + c$

(4) $-\dfrac{\arctan x}{x}+\ln x-\dfrac{1}{2}\ln(1+x^2)+c$

(5) $\dfrac{x}{2}\left[\sin(\ln x)-\cos(\ln x)\right]+c$

(6) $x(\arcsin x)^2+2\sqrt{1-x^2}\arcsin x-2x+c$

11. (1) $\dfrac{2e^3+1}{9}$ $\quad(2)$ $2e-4$ $\quad(3)$ $\dfrac{1}{5}(e^\pi-2)$ $\quad(4)$ $\dfrac{1}{2}$

12. (1) $\dfrac{1}{2}x^2-\dfrac{1}{2}\ln(1+x^2)+c$ $\qquad(2)$ $\dfrac{1}{5}(1-x^2)^{\frac{5}{2}}-\dfrac{1}{3}(1-x^2)^{\frac{3}{2}}+c$

$\quad(3)$ $(-2\sqrt{x}-2)\cdot\dfrac{1}{e^{\sqrt{x}}}+c$ $\qquad(4)$ $\ln\left(\dfrac{e^x}{1+e^x}\right)+\dfrac{1}{1+e^x}+c$

$\quad(5)$ $\dfrac{1}{2}\arctan(\sin^2 x)+c$ $\qquad(6)$ $\dfrac{\sqrt{6}}{6}\arctan\dfrac{x-2}{\sqrt{6}}+c$

$\quad(7)$ $x\ln(x+\sqrt{1+x^2})-\sqrt{1+x^2}+c$ $\qquad(8)$ $\ln\left|\tan\dfrac{x}{2}+1\right|+c$

$\quad(9)$ $x+c$ $\qquad(10)$ $\ln\left|x+\sqrt{1+x^2}\right|+c$

13. (1) 1 $\qquad(2)$ π $\qquad(3)$ 1 $\qquad(4)$ $\dfrac{1}{2}$

14. $y'=-\dfrac{\sin x}{e^y}$

15. -1

16. $A=2\displaystyle\int_0^1\left(\sqrt{y}-\sqrt{\dfrac{y}{2}}\right)\mathrm{d}y=\dfrac{4}{3}-\dfrac{4}{3\sqrt{2}}$

17. (1) 提示：$A=\displaystyle\int_{-1}^1(1-x^2)\mathrm{d}x=\dfrac{4}{3}$

$\quad(2)$ 提示：$V_x=\pi\displaystyle\int_{-1}^1(1-x^2)^2\mathrm{d}x=\dfrac{16}{15}\pi$

$\quad(3)$ 提示：$V_y=\pi\displaystyle\int_0^1(\sqrt{1-y})^2\mathrm{d}y=\dfrac{\pi}{2}$

18. 产量为 60 时，获利最大，最大利润为 11 000 元.

六、自 测 题 四

说明：将不定积分与定积分及其应用分别出两套自测题.

（一）不定积分自测题

（总分 100 分，时间 100 分钟）

1. 单项选择题（每小题 2 分，共 10 分）

（1）下列函数对中是同一函数的原函数是（　　　）.

A. $\sqrt{x+1}$ 与 $2\sqrt{x+1}$ 　　　　B. $\sin x$ 与 $-\cos x$

C. e^{x^2} 与 e^{2x} 　　　　　　　　D. $\sin^2 x - \cos^2 x$ 与 $2\sin^2 x$

（2）在积分曲线族 $\int x\sqrt{x}\,dx$ 中，过点 $(0,1)$ 的曲线方程是（　　）.

A. $2x^{\frac{1}{2}}+1$ 　　　　　　　　B. $\dfrac{5}{2}x^{\frac{2}{5}}+c$

C. $2x^{\frac{1}{2}}$ 　　　　　　　　　D. $\dfrac{2}{5}x^{\frac{5}{2}}+1$

（3）$\int\left(\dfrac{1}{\cos^2 x}-1\right)d(\cos x)=$（　　）.

A. $\tan x - x + c$ 　　　　　　　B. $-\dfrac{1}{\cos x}-\cos x + c$

C. $\tan x - \cos x + c$ 　　　　　D. $\dfrac{1}{\cos x}-x+c$

（4）$\int(5^2-\sin x)\,dx=$（　　）.

A. $\dfrac{1}{3}\times 5^3 + \cos x + c$ 　　　B. $\dfrac{1}{3}\times 5^3 - \cos x + c$

C. $25x + \cos x + c$ 　　　　　　D. $25x - \cos x + c$

（5）$\int\dfrac{x}{16+x^4}\,dx=$（　　）.

A. $8\arctan\left(\dfrac{x}{2}\right)^2 + c$ 　　　B. $\dfrac{1}{8}\arctan\left(\dfrac{x}{2}\right)^2 + c$

C. $8\arctan\dfrac{x^2}{2}+c$ 　　　　　D. $\dfrac{1}{8}\arctan\dfrac{x^2}{2}+c$

2. 填空题（每空 2 分，共 12 分）

（1）不定积分 $\int f(x)\,dx$ 表示 $f(x)$ 的_____.

（2）一个函数的原函数如果存在的话，则有_____个.

（3）若 $f(x)$ 是连续函数，则 $\int f(x)\,dx=$_____，$\int df(x)=$_____.

（4）设 $f'(x)=2$，且 $f(0)=0$，则 $\int f(x)\,dx=$_____.

（5）若 $\int f(x)\,dx=\ln[\sin(3x+1)]+c$，则 $f(x)=$_____.

3. 计算题（每小题 7 分，共 56 分）

（1）$\displaystyle\int\dfrac{1}{1-\cos x}\,dx$ 　　（2）$\displaystyle\int\dfrac{1+\cos^2 x}{1+\cos 2x}\,dx$ 　　（3）$\displaystyle\int\dfrac{1}{x\sqrt{2-\ln x}}\,dx$

（4）$\displaystyle\int\dfrac{2}{x^2\sqrt{x^2-9}}\,dx$ 　　（5）$\displaystyle\int\dfrac{1+\cos x}{x+\sin x}\,dx$ 　　（6）$\displaystyle\int\dfrac{e^{2x}}{1+e^x}\,dx$

（7）$\displaystyle\int\dfrac{\ln\sin x}{\cos^2 x}\,dx$ 　　（8）$\displaystyle\int\dfrac{1}{x^2-3x-10}\,dx$

4. 解答题（每小题 8 分，共 16 分）

（1）设 $f(x)$ 的导数存在且连续，求 $\int \lim\limits_{h \to 0} \dfrac{f(x+h)-f(x-h)}{h} \mathrm{d}x$.

（2）若 $f(x)=x+\sqrt{x}$ $(x>0)$，求 $\int f'(x^2)\mathrm{d}x$.

5. 证明题（6 分）

设 $f(x)$ 在 $(-\infty, +\infty)$ 内可导，$F(x)$ 为 $f(x)$ 的一个原函数，c 为任意常数，求证 $\int (\lim\limits_{x \to x_0} f(x)) f(x)\mathrm{d}x = F'(x_0)F(x)+c$.

（二）定积分及其应用自测题

（总分 100 分，时间 100 分钟）

1. 填空题（每小题 2 分，共 20 分）

（1）设 $f(x)$ 在 $[a, b]$ 上连续，则 $f(x)$ 在 $[a, b]$ 上的平均值为_____.

（2）设 $y = \int_0^x (t-1)\mathrm{d}t$，其极小值为_____.

（3）$\int_{-\frac{1}{2}}^{0} (2x+1)^{99} \mathrm{d}x = $_____.

（4）已知 $f(0)=1$，$f(2)=3$，$f'(2)=5$，则 $\int_0^2 xf''(x)\mathrm{d}x = $_____.

（5）若广义积分 $\int_{-\infty}^{+\infty} \dfrac{k}{1+x^2} \mathrm{d}x = 1$，则常数 $k = $_____.

（6）设 $f(x)$ 连续，则 $\int_{-a}^{a} x[f(x)+f(-x)-x]\mathrm{d}x = $_____.

（7）设 $\Phi(x) = \int_0^{x^2} \tan u \, \mathrm{d}u$，则 $\Phi'(x) = $_____.

（8）$\int_{-2}^{2} \sqrt{4-x^2} \, \mathrm{d}x = $_____.

（9）$\int_1^{+\infty} \dfrac{1}{x^p} \mathrm{d}x$ 当_____时，收敛；当_____时，发散.

（10）由曲线 $y = 1-x^2$ 和直线 $y=0$ 所围成的图形的面积为_____.

2. 选择题（每小题 3 分，共 24 分）

（1）设 $P = \int_0^{\frac{\pi}{2}} \sin^2 x \mathrm{d}x$，$Q = \int_0^{\frac{\pi}{2}} \cos^2 x \mathrm{d}x$，$R = \dfrac{1}{2} \int_{-\frac{\pi}{2}}^{\frac{\pi}{2}} \sin^2 x \mathrm{d}x$，则（　　）.

    A. $P=Q=R$ B. $P=Q<R$

    C. $P<Q<R$ D. $P>Q>R$

（2）$\dfrac{\mathrm{d}}{\mathrm{d}x} \int_a^b \arctan x \mathrm{d}x = ($　　$)$.

    A. $\arctan x$ B. $\dfrac{1}{1+x^2}$

    C. $\arctan b - \arctan a$ D. 0

（3）$\int_0^1 \dfrac{x}{1+x^2}\mathrm{d}x = (\quad)$.

  A．$\dfrac{1}{2}\ln 2$ B．$2\ln 2$

  C．$-2\ln 2$ D．$-\dfrac{1}{2}\ln 2$

（4）$\int_{-a}^{a}(x^2 + x\sqrt{a^2+x^2})\mathrm{d}x = (\quad)$.

  A．a^3 B．$\dfrac{2}{3}a^3$

  C．$\dfrac{3}{2}a^3$ D．0

（5）下列式子正确的是（ ）.

  A．$\int_0^1 x\mathrm{d}x < \int_0^1 x^2\mathrm{d}x$ B．$\int_0^1 x\mathrm{d}x = \int_0^1 x^2\mathrm{d}x$

  C．$\int_0^1 x\mathrm{d}x > \int_0^1 x^2\mathrm{d}x$ D．以上均不正确

（6）下列积分值为 0 的是（ ）.

  A．$\int_{-1}^{1}\cos x^3\mathrm{d}x$ B．$\int_{-1}^{1}x^2\cos x^3\mathrm{d}x$

  C．$\int_{-1}^{1}x[f(x)-f(-x)]\mathrm{d}x$ D．$\int_{-1}^{1}x^2[f(x)-f(-x)]\mathrm{d}x$

（7）广义积分 $\int_2^{+\infty}\dfrac{1}{x^2+x-2}\mathrm{d}x$（ ）.

  A．收敛于 $\dfrac{2}{3}\ln 2$ B．收敛于 $\dfrac{3}{2}\ln 2$

  C．收敛于 $\dfrac{1}{3}\ln 2$ D．发散

（8）由曲线 $y=\sqrt{x}$，直线 $y=x$ 和 $x=2$ 所围图形的面积为（ ）.

  A．$\int_0^2 (x-\sqrt{x})\mathrm{d}x$ B．$\int_0^2 (\sqrt{x}-x)\mathrm{d}x$

  C．$\int_0^1 (x-\sqrt{x})\mathrm{d}x + \int_1^2 (\sqrt{x}-x)\mathrm{d}x$ D．$\int_0^1 (\sqrt{x}-x)\mathrm{d}x + \int_1^2 (x-\sqrt{x})\mathrm{d}x$

3．计算题（每小题 5 分，共 30 分）

（1）计算下列定积分：

① $\int_{-\frac{\pi}{2}}^{\frac{\pi}{2}}\dfrac{|\sin\theta|}{4+\cos^2\theta}\mathrm{d}\theta$;   ② $\int_0^4 \dfrac{1-\sqrt{x}}{1+\sqrt{x}}\mathrm{d}x$;

③ $\int_0^{+\infty}\dfrac{1}{e^x+e^{-x}}\mathrm{d}x$;   ④ $\int_1^2 x\ln^2 x\mathrm{d}x$.

（2）判断下列广义积分的敛散性. 若收敛，计算其值.

① $\int_{\frac{2}{\pi}}^{+\infty}\dfrac{1}{x^2}\sin\dfrac{1}{x}\mathrm{d}x$;   ② $\int_{-\infty}^{+\infty}\dfrac{2x}{x^2+1}\mathrm{d}x$.

4．证明题（8 分）

设 $f(n)=\int_0^{\frac{\pi}{4}}\tan^n x\mathrm{d}x$ ，n 为正整数，证明 $f(3)+f(5)=\dfrac{1}{4}$.

5．综合应用题（每题 6 分，共 18 分）

（1）求函数 $f(x)=\int_1^x\left(2-\dfrac{1}{\sqrt{t}}\right)\mathrm{d}t$ （$t>0$）的单调区间.

（2）求由曲线 $y=\mathrm{e}^x$ ，$y=\mathrm{e}^{-x}$ 以及直线 $x=1$ 所围成图形的面积.

（3）某石油公司经营的一块油田的边际收益和边际成本分别为 $R'(t)=9-t^{\frac{1}{3}}$（百万元/年），$C'(t)=1+3t^{\frac{1}{3}}$（百万元/年）.

求：① 该油田的最佳经营时间；

② 在经营终止时获得的总利润（已知固定成本为 4 百万元）.

七、自测题四答案

（一）不定积分自测题答案

1．（1）D　（2）D　（3）B　（4）C　（5）B

2．（1）全体原函数　（2）无穷　（3）$f(x)\mathrm{d}x$ ，$f(x)+c$

（4）x^2+c　　　　　　　（5）$3\cot(3x+1)$

3．（1）$\cot\dfrac{x}{2}+c$　　　　　（2）$\dfrac{1}{2}\tan x+\dfrac{1}{2}x+c$

（3）$-2\sqrt{2-\ln x}+c$　　　（4）$\dfrac{2\sqrt{x^2-9}}{9x}+c$

（5）$\ln|x+\sin x|+c$　　　（6）$\mathrm{e}^x-\ln(1+\mathrm{e}^x)+c$

（7）$\tan x\cdot\ln\sin x-x+c$　　（8）$\dfrac{1}{7}(\ln|x-5|-\ln|x+2|)+c$

4．（1）$2f(x)+c$　　　　　　（2）$x+\dfrac{1}{2}\ln x+c$

5．略

（二）定积分及其应用自测题答案

1．（1）提示：积分中值定理的几何意义，$f(x)$ 在 $[a,\ b]$ 上的平均值为 $\dfrac{1}{b-a}\int_a^b f(x)\mathrm{d}x$

（2）$-\dfrac{1}{2}$　（3）$\dfrac{1}{200}$　　（4）8　　　（5）$\dfrac{1}{\pi}$

（6）$-\dfrac{2}{3}a^3$　（7）$2x\tan x^2$　（8）2π

（9）$p>1$，$p\leqslant 1$　　（10）$\dfrac{4}{3}$

2．（1）A　（2）D　（3）A　（4）B　（5）C　（6）D　（7）A　（8）D

3.（1）

① 提示：原式$= 2\int_0^{\frac{\pi}{2}} \frac{\sin\theta}{4+\cos^2\theta}\mathrm{d}\theta = \int_0^{\frac{\pi}{2}} \frac{-\mathrm{d}\left(\dfrac{\cos\theta}{2}\right)}{1+\left(\dfrac{\cos\theta}{2}\right)^2} = -\arctan\dfrac{\cos\theta}{2}\Bigg|_0^{\frac{\pi}{2}} = \arctan\dfrac{1}{2}$

② $4-4\ln3$ ③ $\dfrac{\pi}{4}$ ④ $2\ln^2 2 - 2\ln 2 + \dfrac{3}{4}$

（2）① 收敛，值为 1   ② 发散

4. 提示：$f(3)+f(5) = \int_0^{\frac{\pi}{4}}\tan^3 x\mathrm{d}x + \int_0^{\frac{\pi}{4}}\tan^5 x\mathrm{d}x$

$$= \int_0^{\frac{\pi}{4}}\tan^3 x(1+\tan^2 x)\mathrm{d}x$$

$$= \int_0^{\frac{\pi}{4}}\tan^3 x\sec^2 x\mathrm{d}x$$

$$= \int_0^{\frac{\pi}{4}}\tan^3 x\mathrm{d}(\tan x)$$

$$= \frac{1}{4}\tan^4 x\Bigg|_0^{\frac{\pi}{4}} = \frac{1}{4}$$

5.（1）$f'(x) = 2 - \dfrac{1}{\sqrt{x}}$，令 $f'(x)=0$，$x = \dfrac{1}{4}$. 当 $x\in\left(0,\ \dfrac{1}{4}\right)$ 时，$f'(x)<0$；当 $x\in\left(\dfrac{1}{4},\ +\infty\right)$

时，$f'(x)>0$. 单调递减区间 $\left(0,\ \dfrac{1}{4}\right)$，单调递增区间 $\left(\dfrac{1}{4},\ +\infty\right)$.

（2）$A = \int_0^1(\mathrm{e}^x - \mathrm{e}^{-x})\mathrm{d}x = (\mathrm{e}^x + \mathrm{e}^{-x})\Bigg|_0^1 = \mathrm{e} + \dfrac{1}{\mathrm{e}} - 2$

（3）提示：边际利润 $L'(t) = R'(t) - C'(t) = 8 - 4t^{\frac{1}{3}}$

令 $L'(t)=0$，得 $t=8$. $L''(t) = -\dfrac{4}{3}t^{-\frac{2}{3}} < 0$，故 $t=8$ 时利润最大.

① $t=8$

② $L(t) = \int_0^8[R'(t)-C'(t)]\mathrm{d}t - C_0$

$$= \int_0^8\left(8 - 4t^{\frac{1}{3}}\right)\mathrm{d}t - 4$$

$$= 12 （百万元）$$

第五章

多元函数微分学学习指导

　　自然科学和工程技术中所遇到的函数，往往依赖于两个或更多个自变量，对于自变量多于一个的函数，通常称为多元函数. 多元函数的概念及其微分学是一元函数及其微分学的推广和发展，它们有许多类似之处，也有重大差别. 本章包括多元函数的概念、偏导数、偏弹性、全微分、多元函数的极值和最值等内容，这些内容在实际中有着非常广泛的应用.

一、教 学 要 求

　　1. 理解二元函数概念及几何意义，会求二元函数的定义域.
　　2. 了解二元函数的极限与连续性概念.
　　3. 理解二元函数偏导数、偏弹性、全微分的概念，熟练掌握求偏导数与全微分的方法. 会求二阶偏导数，掌握求多元复合函数偏导数的方法.
　　4. 会求由一个方程确定的隐函数的偏导数.
　　5. 了解二元函数极值概念，会求二元函数的极值及解简单的应用问题.
　　重点：二元函数的概念；偏导数的概念与计算；全微分的概念，多元复合函数的求导公式与计算；隐函数的求导方法；会求二元函数的无条件极值.
　　难点：二元函数的极限与连续；偏导数存在与全微分之间的关系；多元复合函数的求导公式与计算；多元函数极值的充分条件.

二、学 习 要 求

　　1. 理解二元函数有关概念时，注意与一元函数相关概念对比，求同存异，加深理解.
　　2. 多元函数偏导数计算的原则是多元函数一元化，对多元复合函数求导时，应注重利用树形图分析复合函数的复合结构，从而正确使用链式法则.
　　3. 结合身边的实例理解偏导数分析的应用价值.

三、典型例题分析

【例1】 求函数 $z = \dfrac{\ln(1-x^2-y^2)}{\sqrt{y-x^2}}$ 的定义域，并画出其定义域图形.

【解】 要使函数表达式有意义，自变量 x, y 必须同时满足以下条件：

$$\begin{cases} 1-x^2-y^2>0 \\ y-x^2>0 \end{cases}, \quad \text{即} \begin{cases} x^2+y^2<1 \\ y>x^2 \end{cases}$$

于是所求定义域为 $D=\{(x, y)\mid x^2+y^2<1,\ y>x^2\}$ （图5.1）.

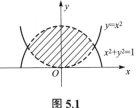

图5.1

说明： 求二元函数定义域的方法与求一元函数定义域的方法类似，自变量的取值要使解析式有意义，主要限制条件是分式函数分母不能为零、对数函数真数大于零、偶次根式被开方式非负等. 在画定义域图形时，要先将不等式写成等式，作出相应边界曲线图形，然后确定满足不等式的点 (x, y) 位于边界曲线的哪一侧. 如果某个不等式是严格不等式，则相应边界曲线画成虚线，各不等式限定区域的公共部分就是定义域图形.

【例2】 求下列极限：

（1）$\displaystyle\lim_{\substack{x\to 0 \\ y\to 0}} \dfrac{1-\sqrt{xy+1}}{xy}$； （2）$\displaystyle\lim_{\substack{x\to\infty \\ y\to 1}}\left[\left(1+\dfrac{1}{x}\right)\right]^{\frac{x^2}{x+y}}$； （3）$\displaystyle\lim_{\substack{x\to 0 \\ y\to 0}}(x^2+y^2)\sin\dfrac{1}{xy}$.

【分析】 对于二元函数的极限，可以类似于一元函数那样利用两个重要极限、四则运算法则、无穷小性质、函数的连续性等方法求极限.

【解】 （1）$\displaystyle\lim_{\substack{x\to 0 \\ y\to 0}} \dfrac{1-\sqrt{xy+1}}{xy} = \lim_{\substack{x\to 0 \\ y\to 0}} \dfrac{-xy}{xy\left(1+\sqrt{xy+1}\right)} = \lim_{\substack{x\to 0 \\ y\to 0}} \dfrac{-1}{1+\sqrt{xy+1}} = -\dfrac{1}{2}$

（2）$\displaystyle\lim_{\substack{x\to\infty \\ y\to 1}}\left(1+\dfrac{1}{x}\right)^{\frac{x^2}{x+y}} = \lim_{\substack{x\to\infty \\ y\to 1}}\left[\left(1+\dfrac{1}{x}\right)^x\right]^{\frac{x}{x+y}} = e^1 = e$

（3）因为 $\displaystyle\lim_{\substack{x\to 0 \\ y\to 0}}(x^2+y^2)=0$，又 $\left|\sin\dfrac{1}{xy}\right|\leqslant 1$，即 $\left|\sin\dfrac{1}{xy}\right|$ 有界，所以 $\displaystyle\lim_{\substack{x\to 0 \\ y\to 0}}(x^2+y^2)\sin\dfrac{1}{xy}=0$.

【例3】 求 $f(x, y)=\begin{cases} \dfrac{xy}{x^2+y^2}, & x^2+y^2\neq 0 \\ 0, & x^2+y^2=0 \end{cases}$ 在 $(0, 0)$ 点的偏导数 $f_x'(0, 0)$、$f_y'(0, 0)$ 及在 $(0, 0)$ 点的极限，讨论 $f(x, y)$ 在 $(0, 0)$ 点的连续性和可微性.

【解】 $f_x'(0, 0) = \displaystyle\lim_{\Delta x\to 0}\dfrac{f(\Delta x, 0)-f(0, 0)}{\Delta x} = \lim_{\Delta x\to 0}\dfrac{0-0}{\Delta x}=0$，同理 $f_y'(0, 0)=0$.

令 $y=kx(k\neq 0)$ 则

$$\lim_{x\to 0} f(x, y) = \lim_{\Delta x\to 0}\dfrac{k}{1+k^2} = \dfrac{k}{1+k^2}$$

即 $f(x, y)$ 沿不同直线 $y = kx$，当 $x \to 0$ 时的极限不相同，所以 $\lim\limits_{\substack{x \to 0 \\ y = kx}} f(x, y)$ 不存在.

因为 $\lim\limits_{\substack{x \to 0 \\ y = kx}} f(x, y)$ 不存在，所以 $f(x, y)$ 在点 $(0, 0)$ 不连续，从而 $f(x, y)$ 在点 $(0, 0)$ 不可微.

说明： 二元函数 $z = f(x, y)$ 在点 (x_0, y_0) 处的连续、偏导数、可微是多元函数微分学中的三个重要概念，它们之间的关系与一元函数相应的三个概念之间的关系有着明显的区别（图 5.2）.

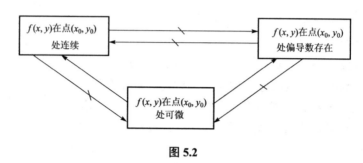

图 5.2

【例 4】 求下列函数的偏导数：

（1） $z = x \sin(x + y)$ ；（2） $z = \arctan \dfrac{x + y}{1 - xy}$ ；（3） $z = \mathrm{e}^{x^2 + y^2}$.

【解】（1） $\dfrac{\partial z}{\partial x} = \sin(x + y) + x \cos(x + y)$ ， $\dfrac{\partial z}{\partial y} = x \cos(x + y)$

（2） $\dfrac{\partial z}{\partial x} = \dfrac{1}{1 + \left[\dfrac{x + y}{1 - xy}\right]^2} \dfrac{1 - xy + y(x + y)}{(1 - xy)^2} = \dfrac{1 + y^2}{(1 + y^2)(1 + x^2)} = \dfrac{1}{1 + x^2}$ ，同理可得 $\dfrac{\partial z}{\partial y} = \dfrac{1}{1 + y^2}$.

（3） $\dfrac{\partial z}{\partial x} = 2x\mathrm{e}^{x^2 + y^2}$ ， $\dfrac{\partial z}{\partial y} = 2y\mathrm{e}^{x^2 + y^2}$

【例 5】 设 $f(x, y) = (x - 2)^2 y^2 + (y - 1)\arcsin \sqrt{\dfrac{x}{y}}$ ，求 $f_x'(2, 1)$ ， $f_y'(0, 1)$.

【分析】 这是求在定点的偏导数，为求 $f_x'(2, 1)$ ，先确定 $f(x, 1)$ ；为求 $f_y'(0, 1)$ ，先确定 $f(0, y)$.

【解】 依题设 $f(x, 1) = (x - 2)^2 \times 1^2$ ，于是， $f_x'(2, 1) = 2(x - 2)|_{x=2} = 0$.

同理， $f(0, y) = 4y^2$ ，于是， $f_y'(0, 1) = 8y|_{y=1} = 8$.

【例 6】 求下列函数的二阶偏导数：

（1） $z = x^3 + 2x^2 y - 5xy^2$ ；

（2） $f(x, y) = x\mathrm{e}^{xy}$ ；

（3） $z = xy + x\sin y + y\cos x$.

【解】（1） $z_x' = 3x^2 + 4xy - 5y^2$ ， $z_y' = 2x^2 - 10xy$ ， $z_{xx}'' = 6x + 4y$ ， $z_{yy}'' = -10xy$ ， $z_{xy}'' = z_{yx}'' = 4x - 10y$

（2）$f_x'(x,y)=\mathrm{e}^{xy}+xy\mathrm{e}^{xy}$，$f_y'(x,y)=x^2\mathrm{e}^{xy}$，$f_{xx}''(x,y)=2y\mathrm{e}^{xy}+xy^2\mathrm{e}^{xy}$，$f_{yy}''(x,y)=x^3\mathrm{e}^{xy}$，

$f_{xy}''(x,y)=f_{yx}''(x,y)=2x\mathrm{e}^{xy}+x^2y\mathrm{e}^{xy}$

（3）$\dfrac{\partial z}{\partial x}=y+\sin y-y\sin x$，$\dfrac{\partial z}{\partial y}=x+x\cos y+\cos x$，$\dfrac{\partial^2 z}{\partial x^2}=-y\cos x$，$\dfrac{\partial^2 z}{\partial y^2}=-x\sin y$，

$\dfrac{\partial^2 z}{\partial x\partial y}=\dfrac{\partial^2 z}{\partial y\partial x}=1+\cos y-\sin x$

【例 7】（1）设 $z=\ln(x^2+y^2)$，求全微分 $\mathrm{d}z$；

（2）求函数 $z=\mathrm{e}^{xy}$，当 $x=1$、$y=1$、$\Delta x=0.15$、$\Delta y=0.1$ 时的全微分 $\mathrm{d}z$.

【解】（1）**方法一**：先求偏导数 $\dfrac{\partial z}{\partial x}=\dfrac{2x}{x^2+y^2}$，$\dfrac{\partial z}{\partial y}=\dfrac{2y}{x^2+y^2}$，所以有

$$\mathrm{d}z=\frac{\partial z}{\partial x}\mathrm{d}x+\frac{\partial z}{\partial y}\mathrm{d}y=\frac{2}{x^2+y^2}(x\mathrm{d}x+y\mathrm{d}y)$$

方法二：利用微分形式不变性，有

$$\mathrm{d}z=\frac{1}{x^2+y^2}(2x\mathrm{d}x+2y\mathrm{d}y)=\frac{2}{x^2+y^2}(x\mathrm{d}x+y\mathrm{d}y)$$

（2）因为 $\mathrm{d}z=\dfrac{\partial z}{\partial x}\Delta x+\dfrac{\partial z}{\partial y}\Delta y=y\mathrm{e}^{xy}\cdot\Delta x+x\mathrm{e}^{xy}\cdot\Delta y$，所以当 $x=1$、$y=1$、$\Delta x=0.5$、$\Delta y=0.1$

时，$\mathrm{d}z=\mathrm{e}\cdot 0.15+\mathrm{e}\cdot 0.1=0.25\mathrm{e}$.

【例 8】设 $z=xy+x\mathrm{e}^{\frac{y}{x}}$，证明 $x\dfrac{\partial z}{\partial x}+y\dfrac{\partial z}{\partial y}=xy+z$.

【证明】$\dfrac{\partial z}{\partial x}=y+\mathrm{e}^{\frac{y}{x}}+x\mathrm{e}^{\frac{y}{x}}\left(-\dfrac{y}{x^2}\right)=y+\mathrm{e}^{\frac{y}{x}}-\dfrac{y}{x}\mathrm{e}^{\frac{y}{x}}$，$\dfrac{\partial z}{\partial y}=x+x\mathrm{e}^{\frac{y}{x}}\dfrac{1}{x}=x+\mathrm{e}^{\frac{y}{x}}$

所以

$$x\frac{\partial z}{\partial x}+y\frac{\partial z}{\partial y}=xy+x\mathrm{e}^{\frac{y}{x}}-y\mathrm{e}^{\frac{y}{x}}+xy+y\mathrm{e}^{\frac{y}{x}}=\left(xy+x\mathrm{e}^{\frac{y}{x}}\right)+xy=z+xy$$

【例 9】（1）设 $z=\mathrm{e}^u\sin v,\ u=xy,\ v=x+y$，求 $\dfrac{\partial z}{\partial x}$，$\dfrac{\partial z}{\partial y}$.

（2）设 $z=\mathrm{e}^{x-2y}$，$x=\sin t$，$y=t^3$，求 $\dfrac{\mathrm{d}z}{\mathrm{d}t}$.

【解】（1）**方法一**（代入法）：将 $u=xy$，$v=x+y$ 代入 $z=\mathrm{e}^u\sin v$ 中，得 $z=\mathrm{e}^{xy}\sin(x+y)$，所以

$$\frac{\partial z}{\partial x}=y\mathrm{e}^{xy}\sin(x+y)+\mathrm{e}^{xy}\cos(x+y)=\mathrm{e}^{xy}\left[y\sin(x+y)+\cos(x+y)\right]$$

$$\frac{\partial z}{\partial y}=x\mathrm{e}^{xy}\sin(x+y)+\mathrm{e}^{xy}\cos(x+y)=\mathrm{e}^{xy}\left[x\sin(x+y)+\cos(x+y)\right]$$

方法二（公式法）：由复合函数求导公式有

$$\frac{\partial z}{\partial x}=\frac{\partial z}{\partial u}\cdot\frac{\partial u}{\partial x}+\frac{\partial z}{\partial v}\cdot\frac{\partial v}{\partial x}=y\mathrm{e}^u\sin v+\mathrm{e}^u\cos v=\mathrm{e}^{xy}\left[y\sin(x+y)+\cos(x+y)\right]$$

$$\frac{\partial z}{\partial y}=\frac{\partial z}{\partial u}\frac{\partial u}{\partial y}+\frac{\partial z}{\partial v}\frac{\partial v}{\partial y}=x\mathrm{e}^u\sin v+\mathrm{e}^u\cos v=\mathrm{e}^{xy}\left[x\sin(x+y)+\cos(x+y)\right]$$

结构图如图 5.3 所示.

（2）**方法一**（代入法）：因为 $z=\mathrm{e}^{\sin t-2t^3}$，所以 $\dfrac{\mathrm{d}z}{\mathrm{d}t}=\mathrm{e}^{\sin t-2t^3}(\cos t-6t^2)$.

方法二（公式法）：$\dfrac{\mathrm{d}z}{\mathrm{d}t}=\dfrac{\partial z}{\partial x}\cdot\dfrac{\mathrm{d}x}{\mathrm{d}t}+\dfrac{\partial z}{\partial y}\cdot\dfrac{\mathrm{d}y}{\mathrm{d}t}$

$$=\mathrm{e}^{x-2y}\cos t+\mathrm{e}^{x-2y}\cdot(-6t^2)$$

$$=\mathrm{e}^{\sin t-2t^3}(\cos t-6t^2)$$

结构图如图 5.4 所示.

说明：求函数 $z=f(u,v)$，$u=\varphi(x,y)$，$v=\psi(x,y)$ 复合运算构成的复合函数 $z=f[\varphi(x,y),\psi(x,y)]$ 的偏导数时，一般使用代入法和公式法. 在利用公式法求偏导数时，要把握复合函数的复合关系以及哪些是中间变量、哪些是自变量，利用函数结构的链式图，正确地写出复合函数求导公式. 根据函数结构图写出复合函数求导公式的过程，归纳成口诀为：分线相加，连线相乘；分清变量，逐层求导.

图 5.3　　　　　　　　　　图 5.4

【例 10】 设 $z=(x^2+y^2)^{xy}$，求 $\dfrac{\partial z}{\partial x}$，$\dfrac{\partial z}{\partial y}$.

【解】 令 $u=x^2+y^2$，$v=xy$，由复合函数求导法则得

$$\dfrac{\partial z}{\partial x}=\dfrac{\partial z}{\partial u}\dfrac{\partial u}{\partial x}+\dfrac{\partial z}{\partial v}\dfrac{\partial v}{\partial x}=vu^{v-1}2x+yu^v\ln u$$

$$=2x^2y(x^2+y^2)^{xy-1}+y(x^2+y^2)^{xy}\ln(x^2+y^2)$$

利用函数的轮换对称性，得

$$\dfrac{\partial z}{\partial y}=2xy^2(x^2+y^2)^{xy-1}+x(x^2+y^2)^{xy}\ln(x^2+y^2)$$

【例 11】 设 $z=f(x^2-y^2,\ \mathrm{e}^{xy})$，求 $\dfrac{\partial z}{\partial x}$ 和 $\dfrac{\partial z}{\partial y}$.

【解】 令 $u=x^2-y^2$，$v=\mathrm{e}^{xy}$，由复合函数求导法则得

$$\dfrac{\partial z}{\partial x}=\dfrac{\partial z}{\partial u}\cdot\dfrac{\partial u}{\partial x}+\dfrac{\partial z}{\partial v}\cdot\dfrac{\partial v}{\partial x}=f'_u\cdot 2x+f'_v\cdot\mathrm{e}^{xy}\cdot y=2x\cdot f'_u+y\mathrm{e}^{xy}f'_v$$

$$\dfrac{\partial z}{\partial y}=\dfrac{\partial z}{\partial u}\cdot\dfrac{\partial u}{\partial y}+\dfrac{\partial z}{\partial v}\cdot\dfrac{\partial v}{\partial y}=f'_u\cdot(-2y)+f'_v\cdot\mathrm{e}^{xy}\cdot x=-2y\cdot f'_u+x\mathrm{e}^{xy}f'_v$$

【例 12】 设方程 $z^x=y^z$，确定函数 $z=z(x,y)$，求 $\dfrac{\partial z}{\partial x}$、$\dfrac{\partial z}{\partial y}$.

【解】 **方法一**（公式法）：令 $F(x,y,z)=z^x-y^z$，则

$$F'_x = z^x \ln z , \quad F'_y = -zy^{z-1} , \quad F'_z = xz^{x-1} - y^z \ln y$$

所以

$$\frac{\partial z}{\partial x} = -\frac{F'_x}{F'_z} = \frac{z^x \ln z}{y^z \ln y - xz^{x-1}} = \frac{z \ln z}{z \ln y - x}$$

$$\frac{\partial z}{\partial y} = -\frac{F'_y}{F'_z} = \frac{zy^{z-1}}{xz^{x-1} - y^z \ln y} = \frac{z^2}{y(x - z \ln y)}$$

方法二（求导法）：方程两边对 x 求导得

$$z^x \ln z + xz^{x-1} \frac{\partial z}{\partial x} = y^z \ln y \frac{\partial z}{\partial x}$$

所以

$$\frac{\partial z}{\partial x} = \frac{z \ln z}{z \ln y - x}$$

方程两边对 y 求偏导得

$$xz^{x-1} \frac{\partial z}{\partial y} = zy^{z-1} + y^z \ln y \frac{\partial z}{\partial y}$$

所以

$$\frac{\partial z}{\partial y} = \frac{z^2}{y(x - z \ln y)}$$

方法三（全微分法）：方程两边求全微分得 $\mathrm{d}(z^x) = \mathrm{d}(y^z)$，即

$$z^x \ln z \mathrm{d}x + xz^{x-1}\mathrm{d}z = zy^{z-1}\mathrm{d}y + y^z \ln y \mathrm{d}z$$

$$\mathrm{d}z = \frac{-z^x \ln z}{xz^{x-1} - y^z \ln y}\mathrm{d}x + \frac{zy^{z-1}}{xz^{x-1} - y^z \ln y}\mathrm{d}y$$

所以

$$\frac{\partial z}{\partial x} = \frac{z \ln z}{z \ln y - x} , \quad \frac{\partial z}{\partial y} = \frac{z^2}{y(x - z \ln y)}$$

说明：求由方程 $F(x, y, z) = 0$ 确定的隐函数 $z = z(x, y)$ 的偏导数方法一般有公式法、求导法和全微分法．如果应用求导法求解，应注意把 z 看成 x、y 的函数．

【例 13】 求曲面 $z = x^2 + y^2 + 1$ 在点 $(2, 1, 4)$ 的切平面及法线方程．

【解】 设 $F(x, y, z) = z - x^2 - y^2 - 1$，则点 $(2, 1, 4)$ 处的切平面的法向量为 $\boldsymbol{n} = \{F'_x, F'_y, F'_z\}\big|_{(2, 1, 4)} = \{-4, -2, 1\}$．

故所求切平面的方程为 $-4(x-2) - 2(y-1) + (z-4) = 0$，即 $4x + 2y - z - 6 = 0$．

所求法线方程为 $\dfrac{x-2}{4} = \dfrac{y-1}{2} = \dfrac{z-4}{-1}$．

【例 14】 设函数 $z = x^3 - 3x^2 - 3y^2$，求：

（1）函数的极值；（2）函数在区域 D：$x^2 + y^2 \leqslant 16$ 上的最大值．

【解】 （1）先求函数 $z = x^3 - 3x^2 - 3y^2$ 的驻点．

由 $\begin{cases} \dfrac{\partial z}{\partial x} = 3x^2 - 6x = 0 \\ \dfrac{\partial z}{\partial y} = -6y = 0 \end{cases}$ 解得驻点 $(0, 0)$，$(2, 0)$.

因为 $\dfrac{\partial^2 z}{\partial x^2} = 6x - 6$，$\dfrac{\partial^2 z}{\partial x \partial y} = 0$，$\dfrac{\partial^2 z}{\partial y^2} = -6$，故在点 $(0,0)$ 处 $A = -6$，$B = 0$，$C = -6$，且 $AC - B^2 = 36 > 0$，$A < 0$，点 $(0, 0)$ 为函数的极大值点，极大值为 $f(0, 0) = 0$；在点 $(2, 0)$ 处 $A = 6$，$B = 0$，$C = -6$，且 $AC - B^2 = -36 < 0$，$A > 0$，点 $(2, 0)$ 不是极值点. 所以，函数只有极大值 $f(0, 0) = 0$.

（2）求函数 $z = x^3 - 3x^2 - 3y^2$ 在边界上，即在圆周 $x^2 + y^2 = 16$ 上的最大值.

将 $x^2 + y^2 = 16$ 即 $y^2 = 16 - x^2$ 代入函数中得 $z = x^3 - 48 (-4 \leqslant x \leqslant 4)$. 对于函数 $z = x^3 - 48$ 有 $\dfrac{\mathrm{d}z}{\mathrm{d}x} = 3x^2 \geqslant 0$，所以 $z = x^3 - 48$ 在 $(-4 \leqslant x \leqslant 4)$ 上的最大值为 $z|_{x=4} = 16$.

比较函数极大值与边界（$x^2 + y^2 = 16$）上的最大值，可得函数在 D：$x^2 + y^2 \leqslant 16$ 上的最大值为 $z_{\max} = 16$.

说明：求函数最值的程序如下：

① 求出函数"可疑"的极值点的函数值；

② 求出函数在边界上的值；

③ 将上面所得之函数值进行比较，最大（小）者为最大（小）值.

【例 15】 在半径为 a 的半球内，内接一个长方体，问长、宽、高各是多少时，其体积最大？

【解】 设球面方程为 $x^2 + y^2 + z^2 = a^2$，(x, y, z) 是它的内接长方体在第一卦限内的一个顶点，则长方体的长、宽、高分别为 $2x$、$2y$、z，体积为 $V = 4xyz$.

问题是在条件 $x^2 + y^2 + z^2 = a^2$ 下，求函数 $V = 4xyz$ 的最大值.

构造拉格朗日函数：

$$F(x, y, z) = 4xyz + \lambda(x^2 + y^2 + z^2 - a^2)$$

解方程组：

$$\begin{cases} F_x' = 4yz + 2\lambda x = 0 \\ F_y' = 4xz + 2\lambda y = 0 \\ F_z' = 4xy + 2\lambda z = 0 \\ x^2 + y^2 + z^2 - a^2 = 0 \end{cases}$$

由前三式得 $x = y = z = -\dfrac{\lambda}{2}$，代入第 4 个方程中，得 $x = y = z = \dfrac{a}{\sqrt{3}}$，即有唯一驻点 $\left(\dfrac{a}{\sqrt{3}}, \dfrac{a}{\sqrt{3}}, \dfrac{a}{\sqrt{3}} \right)$. 根据实际问题判断，这种长方体的体积存在最大值，所以当长方体的长、宽、高分别为 $\dfrac{2a}{\sqrt{3}}$，$\dfrac{2a}{\sqrt{3}}$，$\dfrac{a}{\sqrt{3}}$ 时，其体积最大.

说明：根据问题的实际意义，若确实存在最大值或最小值；而在函数 $z = f(x, y)$ 的定义域 D 内，函数仅有一个驻点，这就可以断定，该驻点就是函数在 D 内的最大值点或最小值点.

【例 16】 某工厂生产的甲、乙两种产品，当产量分别为 x 和 y 时，这两种产品的总成本函数是 $C(x, y) = (x+1)^{\frac{1}{2}} \ln(5+y)$（单位：元）.

（1）求每种产品的边际成本；

（2）当出售甲、乙产品的单价分别为 10 元和 9 元时，试求每种产品的边际利润.

【解】（1）由 $C(x, y) = (x+1)^{\frac{1}{2}} \ln(5+y)$ 知

甲种产品的边际成本为 $\dfrac{\partial z}{\partial x} = \dfrac{\ln(5+y)}{2\sqrt{x+1}}$；

乙种产品的边际成本为 $\dfrac{\partial z}{\partial y} = \dfrac{\sqrt{x+1}}{5+y}$.

（2）销售甲、乙两种产品利润函数为

$$L(x, y) = 10x + 9y - C(x, y) = 10x + 9y - \sqrt{x+1}\ln(5+y)$$

甲种产品边际利润 $\dfrac{\partial L}{\partial x} = 10 - \dfrac{1}{2} \times \dfrac{\ln(5+y)}{\sqrt{x+1}}$；

乙种产品边际利润 $\dfrac{\partial L}{\partial y} = 9 - \dfrac{\sqrt{x+1}}{5+y}$.

【例 17】 设某工厂的总利润函数为 $L(x,y) = 70x + 120y - 2x^2 + 2xy - y^2$，设备的最大产出力为 $x + 2y = 15$，求最大利润.

【解】 在条件为最大产出力为 $x + 2y = 15$ 下，求总利润函数 $L(x, y) = 70x + 120y - 2x^2 + 2xy - y^2$ 的最大值.

构造拉格朗日函数：

$$F(x, y) = 70x + 120y - 20x^2 + 2xy - y^2 + \lambda(x + 2y - 15)$$

解方程组 $\begin{cases} F_x' = 70 - 4x + 2y + \lambda = 0 \\ F_y' = 120 + 2x - 2y + 2\lambda = 0 \\ x + 2y - 15 = 0 \end{cases}$，得 $x = y = 5$.

由实际意义知最大利润存在，且驻点唯一，所以，最大利润为 $L(5, 5) = 925$.

四、复习题五

1．选择题

（1）若 $f_x'(x_0, y_0) = 0$，$f_y'(x_0, y_0) = 0$，则函数 $f(x, y)$ 在点 (x_0, y_0) 处（　　）.

    A．连续　　　　　　　　　　　　B．必有极限

    C．可能有极值　　　　　　　　　D．全微分

（2）函数 $z = \sin(x^2 + y)$ 在点 $(0, 0)$ 处（　　）.

    A．无定义　　　　　　　　　　　B．无极限

    C．有极限，但不连续　　　　　　D．连续

（3）对于二元函数 $z = f(x, y)$，下面的结论正确的是（　　）.

    A．偏导数存在的点一定是连续点　　B．可微点一定是连续点

    C．极值点一定是驻点　　　　　　　D．驻点一定是极值点

（4）函数 $z = x^3 - 3x - y^2$ 在点（1，0）处（　　　）.

    A．取得极大值　　　　　　　　　　　B．不取得极值

    C．无法判定　　　　　　　　　　　　D．取得极小值

2．求下列函数的定义域 D，并画出 D 的图形.

（1）$f(x, y) = \ln xy$；　　　　　　　　　（2）$f(x, y) = \sqrt{x - \sqrt{y}}$.

3．求函数值：

（1）若 $f(x, y) = \dfrac{x^2 - y^2}{2xy}$，求 $f(1, 1)$；

（2）已知 $f(u, v) = u^v$，求 $f(xy, x + y)$.

4．求下列函数的极限：

（1）$\lim\limits_{\substack{x \to 1 \\ y \to 2}} \dfrac{3xy + x^2 y^2}{x + y}$；　　　　　　　　（2）$\lim\limits_{\substack{x \to 0 \\ y \to 0}} \dfrac{\sin(xy)}{x}$.

5．求下列函数的一阶偏导数：

（1）$z = \ln \tan \dfrac{x}{y}$；　　　　　　　　　（2）$z = xe^{xy} + \sin(x + y)$；

（3）$z = \arctan \dfrac{y}{x}$；　　　　　　　　　（4）$z = \ln \sqrt{x^2 + y^2}$.

6．求下列函数的二阶偏导数：

（1）$z = x^3 + y^4 - 4x^4 y^3$；　　　　　　　（2）$z = x \sin(x + y)$.

7．设 $u = x + \dfrac{x - y}{y - z}$，证明：$\dfrac{\partial u}{\partial x} + \dfrac{\partial u}{\partial y} + \dfrac{\partial u}{\partial z} = 1$.

8．求下列函数的全微分：

（1）$z = e^{x+y} \cos x \cos y$；　　　　　　（2）$z = xy + \dfrac{x}{y}$.

9．求函数 $z = \dfrac{xy}{x^2 - y^2}$，在点（2，1）处，当 $\Delta x = 0.01, \Delta y = 0.03$ 时的全增量及全微分.

10．计算题

（1）设 $z = xu^2 \ln v$，而 $u = \dfrac{x}{y}$，$v = 3x - 2y$，求 $\dfrac{\partial z}{\partial x}$ 和 $\dfrac{\partial z}{\partial y}$.

（2）设 $z = v \arctan(u + v)$，$u = (x + y)$，$v = xy$，求 $\dfrac{\partial z}{\partial x}$ 和 $\dfrac{\partial z}{\partial y}$.

（3）设 $z = f\left(\dfrac{x}{y}, 3x - 2y \right)$，求 $\dfrac{\partial z}{\partial x}$ 和 $\dfrac{\partial z}{\partial y}$.

11．求由方程 $\ln z - xy - yz - xz = 0$ 所确定的函数 $z = f(x, y)$ 的一阶偏导数.

12．求函数 $z = x^2 + y^2 - 2\ln x - 18\ln y \ (x > 0, y > 0)$ 的极值.

13．求表面积为 b^2 而体积最大的长方体的长、宽、高之比，并求其体积.

14．生产两种机床，数量分别为 Q_1 和 Q_2，总成本函数为 $C(x) = Q_1^2 + 2Q_2^2 - Q_1 Q_2$，若两种机床的总产量为 8 台，要使成本最低，两种机床各生产多少台？

五、复习题五答案

1.（1）C　　（2）D　　（3）B　　（4）B

2.（1）$\{(x,\ y)\,|\,xy>0\}$　　（2）$\{(x,y)\,|\,x\geqslant 0,y\geqslant 0,x^2\geqslant y\}$

3.（1）0　　　　　　　　（2）$(xy)^{x+y}$

4.（1）$\dfrac{10}{3}$　　　　　　　　（2）0

5.（1）$\dfrac{\partial z}{\partial x}=\dfrac{2}{y}\csc\dfrac{2x}{y}$,　$\dfrac{\partial z}{\partial y}=-\dfrac{2x}{y^2}\csc\dfrac{2x}{y}$

（2）$\dfrac{\partial z}{\partial x}=\mathrm{e}^{xy}+yx\mathrm{e}^{xy}+\cos(x+y)$,　$\dfrac{\partial z}{\partial y}=x^2\mathrm{e}^{xy}+\cos(x+y)$

（3）$\dfrac{\partial z}{\partial x}=-\dfrac{y}{x^2+y^2}$,　$\dfrac{\partial z}{\partial y}=\dfrac{x}{x^2+y^2}$

（4）$\dfrac{\partial z}{\partial x}=\dfrac{x}{x^2+y^2}$,　$\dfrac{\partial z}{\partial y}=\dfrac{y}{x^2+y^2}$

6.（1）$\dfrac{\partial^2 z}{\partial x^2}=6x-48x^2y^3$,　$\dfrac{\partial^2 z}{\partial y^2}=12y^2-24x^4y$,　$\dfrac{\partial^2 z}{\partial x\partial y}=\dfrac{\partial^2 z}{\partial y\partial x}=-48x^3y^2$

（2）$\dfrac{\partial^2 z}{\partial x^2}=2\cos(x+y)-x\sin(x+y)$,　$\dfrac{\partial^2 z}{\partial y^2}=-x\sin(x+y)$

$\dfrac{\partial^2 z}{\partial x\partial y}=\dfrac{\partial^2 z}{\partial y\partial x}=\cos(x+y)-x\sin(x+y)$

7.略

8.（1）$\mathrm{d}z=\mathrm{e}^{x+y}[(\cos x\cos y-\sin x\cos y)\mathrm{d}x+(\cos x\cos y-\cos x\sin y)\mathrm{d}y]$

（2）$\mathrm{d}z=\left(y+\dfrac{1}{y}\right)\mathrm{d}x+\left(x-\dfrac{x}{y^2}\right)\mathrm{d}y$

9.$\Delta z\approx 0.028\,3$,　$\mathrm{d}z\approx 0.027\,8$

10.（1）$\dfrac{\partial z}{\partial x}=\dfrac{3x^2}{y^2}\ln(3x-2y)+\dfrac{3x^3}{y^2(3x-2y)}$

$\dfrac{\partial z}{\partial y}=-\dfrac{2x^3}{y^3}\ln(3x-2y)-\dfrac{2x^3}{y^2(3x-2y)}$

（2）$\dfrac{\partial z}{\partial x}=\dfrac{xy(1+y)}{1+(xy+x+y)^2}+y\arctan(xy+x+y)$

$\dfrac{\partial z}{\partial y}=\dfrac{xy(1+x)}{1+(xy+x+y)^2}+x\arctan(xy+x+y)$

（3）$\dfrac{\partial z}{\partial x}=\dfrac{1}{y}\dfrac{\partial f}{\partial u}+3\dfrac{\partial f}{\partial v}$,　$\dfrac{\partial z}{\partial y}=-\dfrac{x}{y^2}\dfrac{\partial f}{\partial u}-2\dfrac{\partial f}{\partial v}$

11.$\dfrac{\partial z}{\partial x}=\dfrac{z(y+z)}{1-xz-yz}$,　$\dfrac{\partial z}{\partial y}=\dfrac{z(x+z)}{1-xz-yz}$

12.极小值点（1,3），极小值 $z=10-18\ln 3$

13. $x = y = z = \dfrac{\sqrt{6}}{6}b$, $x:y:z = 1:1:1$, $v = \dfrac{\sqrt{6}}{36}b^3$

14. 5 台；3 台

六、自 测 题 五

（总分 100 分，时间 100 分钟）

1. 选择题（每小题 3 分，共 15 分）

（1）函数 $f(x, y) = \dfrac{\sqrt{4x - y^2}}{\ln(1 - x^2 - y^2)}$ 的定义域是（　　）.

    A. $D = \{(x, y) \mid y^2 \leqslant 4x \text{ 且 } x^2 + y^2 < 1\}$

    B. $D = \{(x, y) \mid y^2 \leqslant 4x \text{ 且 } 0 < x^2 + y^2 < 1\}$

    C. $D = \{(x, y) \mid y^2 < 4x \text{ 且 } x^2 + y^2 \leqslant 1\}$

    D. $D = \{(x, y) \mid y^2 < 4x \text{ 且 } 0 < x^2 + y^2 \leqslant 1\}$

（2）函数 $z = f(x, y)$ 的偏导数 $\dfrac{\partial z}{\partial x}$ 和 $\dfrac{\partial z}{\partial y}$，在点 (x_0, y_0) 处连续是函数 $z = f(x, y)$ 在该点可微的条件是（　　）.

    A. 必要但不充分　　　　　　　　B. 充分但不必要

    C. 充分但必要　　　　　　　　　D. 非充分非必要

（3）已知 $x + y - z = e^x$，$x = \tan t$，$y = \cos t$，则 $\dfrac{dz}{dt}\Big|_{t=0} = $（　　）.

    A. $\dfrac{1}{2}$　　　　　　　　　　　B. $-\dfrac{1}{2}$

    C. 1　　　　　　　　　　　　　D. 0

（4）设函数 $z = \dfrac{x + y}{x - y}$，则 $\dfrac{\partial z}{\partial y} = $（　　）.

    A. $\dfrac{2x}{(x - y)^2}$　　　　　　　　B. $\dfrac{-1}{(x - y)^2}$

    C. $\dfrac{1}{(x - y)}$　　　　　　　　　D. $\dfrac{2y}{(x - y)^2}$

（5）对于函数 $f(x, y) = x^2 - y^2$，点 $(0, 0)$（　　）.

    A. 不是驻点　　　　　　　　　　B. 是驻点而非极值点

    C. 是极大值点　　　　　　　　　D. 是极小值点

2. 填空题（每空 3 分，共 30 分）

（1）若 $f(x + y, x - y) = xy + y^2$，则 $f(x, y)$ _____.

（2）函数 $f(x) = \ln(x^2 + y^2 - 1)$ 的连续区域为 _____.

（3）若函数 $z = x^2 + 2y^2 + 2xy$，则 $\dfrac{\partial z}{\partial x}\Big|_{(1,1)} = $ _____，$\dfrac{\partial z}{\partial y}\Big|_{(1,1)} = $ _____.

（4）设 $xy - yz = 0$ 确定了 $z = f(x, y)$，则 $\dfrac{\partial z}{\partial x} =$ _____，$\dfrac{\partial z}{\partial y} =$ _____.

（5）设 $z = f[\cos(xy), \mathrm{e}^x]$，且 f 可微，则 $\mathrm{d}z =$ _____.

（6）在点 $(1, 1)$ 处 $\Delta x = 0.01$，$\Delta y = -0.01$ 时函数 $z = x^2 + y$ 的全增量 $\Delta z =$ _____.

（7）设 $z = y^{\ln x}$，则 $\dfrac{\partial^2 z}{\partial x^2}\bigg|_{(1, 1)} =$ _____，$\dfrac{\partial^2 z}{\partial y \partial x}\bigg|_{(1, 1)} =$ _____.

3．计算题（每小题 7 分，共 35 分）

（1）设 $z = x^3 \sqrt{y} - \sqrt{x} y^3$，求 $\dfrac{\partial z}{\partial x}$ 和 $\dfrac{\partial z}{\partial y}$.

（2）设 $z = 3x^2 - \ln(x - y)$，求 $\dfrac{\partial^2 z}{\partial x \partial y}$.

（3）设 $z = \mathrm{e}^{x - 2y}$，而 $y = t^3$，$x = \sin t$，求 $\dfrac{\mathrm{d}z}{\mathrm{d}t}$.

（4）设 $z = u \mathrm{e}^v$，$u = x^2 + y^2$，$v = xy$，求 $\dfrac{\partial z}{\partial x}$ 和 $\dfrac{\partial z}{\partial y}$.

（5）设函数 $z = f(x, y)$ 由方程 $\mathrm{e}^{-xy} - 2z + \mathrm{e}^x = 0$ 确定，求 $\dfrac{\partial z}{\partial x}$ 及 $\dfrac{\partial z}{\partial y}$.

4．证明题（7 分）

设 $z = \arctan \dfrac{x}{y}$，求证 $\dfrac{\partial^2 z}{\partial x^2} + \dfrac{\partial^2 z}{\partial y^2} = 0$.

5．应用题（13 分）

（1）某厂要用铁板做体积为 $k\ \mathrm{m}^3$ 的有盖长方体水池，问当长、宽、高各取多少时，才能使用料最省？（6 分）

（2）某工厂生产甲、乙两种产品，需求函数分别由 $Q_1^2 = 30 - P_1$，$Q_2^2 = 45 - P_2$ 确定，联合成本函数为 $C = 4.5Q_1^2 + 3Q_2^2$，其中 P_1、P_2、Q_1、Q_2 分别是甲、乙两种产品的价格和需求量，问两种产品生产多少时利润最大？（7 分）

七、自测题五答案

1．（1）B　（2）B　（3）D　（4）A　（5）B

2．（1）$\dfrac{1}{2}x(x - y)$　（2）$x^2 + y^2 > 1$　（3）4，6　（4）1，$\dfrac{x - z}{y}$

（5）$\mathrm{d}z = \left[-y\sin(xy)\dfrac{\partial f}{\partial u} + \mathrm{e}^x \dfrac{\partial f}{\partial v}\right]\mathrm{d}x + \left[-x\sin(xy)\dfrac{\partial f}{\partial u}\right]\mathrm{d}y$

（6）0.010 1

（7）0，1

3．（1）$\dfrac{\partial z}{\partial x} = 3x^2\sqrt{y} - \dfrac{y^3}{2\sqrt{x}}$，$\dfrac{\partial z}{\partial y} = \dfrac{x^3}{2\sqrt{y}} - 3y^2\sqrt{x}$

（2）$\dfrac{\partial^2 z}{\partial x \partial y} = -\dfrac{1}{(x - y)^2}$

（3）$\dfrac{\mathrm{d}z}{\mathrm{d}t} = \mathrm{e}^{\sin t - 2t^3}(\cos t - 6t^2)$

（4）$\dfrac{\partial z}{\partial x} = (2x + x^2 y + y^3)\mathrm{e}^{xy}$; $\quad \dfrac{\partial z}{\partial y} = (2y + x^3 + xy^2)\mathrm{e}^{xy}$

（5）$\dfrac{\partial z}{\partial x} = \dfrac{\mathrm{e}^x - y\mathrm{e}^{-xy}}{2}$, $\quad \dfrac{\partial z}{\partial y} = -\dfrac{x\mathrm{e}^{-xy}}{2}$

4. 略

5.（1）长、宽、高各取 $\sqrt[3]{k}$ m　　（2）$Q_1 = 2$ 个单位，$Q_2 = 3$ 个单位时获利最大

第六章

常微分方程学习指导

　　寻求变量之间的函数关系，在实践中具有重要意义，但在很多情况下根据实际问题往往不能直接得到函数，却比较容易建立含有待定的这些函数与它们的导数（或微分）之间的关系式，数学上称为微分方程. 对微分方程进行研究，求出未知函数就是本章的任务. 重点对本章常微分方程的基本概念、基本解法和微分方程的应用等内容进行训练和指导.

一、教 学 要 求

　　1. 了解微分方程和微分方程的阶、解、通解、特解、线性、初始条件等概念.

　　2. 熟练掌握可分离变量的微分方程和一阶线性微分方程的解法.

　　3. 了解二阶线性微分方程解的结构.

　　4. 掌握特殊的可降阶的高阶微分方程（$y^{(n)} = f(x)$，$y'' = f(x, y')$，$y'' = f(y, y')$）的解法.

　　5. 熟练掌握二阶常系数线性齐次微分方程的解法.

　　6. 会用微分方程解决一些简单的实际问题.

　　重点：一阶线性微分方程的解法；二阶常系数线性齐次微分方程的解的结构及解法；用微分方程解决一些简单的实际问题.

　　难点：一阶线性微分方程的常数变易法；高阶微分方程的降阶法；用微分方程解决一些简单的实际问题.

二、学 习 要 求

　　1. 本章中所讲的一些微分方程，它们的求解方法和步骤都已规范化，要掌握这些求解法，读者首先要善于正确地识别方程的类型，所以必须熟悉本课程中讲了哪些标准型，每种标准型有什么特征，以便"对号入座"，还应熟记每一标准型的解法，即"对症下药". 同时，建议读者再做足够的习题加以巩固.

2. 有些方程需要做适当的变量替换，才能化为已知的类型，对于这类方程的求解，只要会求一些简单方程，了解变换的思路即可，不必花费太多精力.

3. 利用微分方程解决实际问题，不仅需要数学技巧，还需要一定的专业知识，常用的有切线、法线的斜率、图形的面积、曲线的弧长、牛顿第二定律、牛顿冷却定律等.

三、典型例题分析

【例1】 写出曲线 $y=f(x)$ 满足条件 $f(x)+2\int_0^x f(t)\mathrm{d}t=x^2$ 的微分方程.

【解】 对所给方程两边分别求导数得

$$y'+2y=2x$$

【例2】 下列命题是否正确？

（1）若 y_1 和 y_2 是二阶常系数线性微分方程的解，则 $y=c_1y_1+c_2y_2$ 是该方程的通解（其中 c_1，c_2 为任意常数）.

（2）$y''+3y'-2x=0$ 的特征方程为 $r^2+3r-2=0$.

【解】（1）不正确. 因为只有 y_1 与 y_2 线性无关时，其线性组合 $c_1y_1+c_2y_2$ 才是所给二阶常系数线性微分方程的通解.

（2）不正确. $y''+3y'-2x=0$ 为二阶常系数线性非齐次微分方程，其对应的齐次微分方程为 $r^2+3r=0$.

【例3】 函数 $y=cx+\dfrac{x^3}{6}$（其中 c 是任意常数）对微分方程 $\dfrac{\mathrm{d}^2y}{\mathrm{d}x^2}=x$ 而言（　　）.

A．是通解　　　　　　　　　　　　B．是特解

C．是解，既非通解也非特解　　　　D．不是解

【解】 因原方程为二阶的，通解中应含有两个独立的任意常数. 所以不选 A，特解里不应有任意常数，所以不选B，将函数代入方程是满足的，所以不选D.

【例4】 下列微分方程中，是二阶线性微分方程的为（　　）.

A．$(y'')^2+y'+y=x$ 　　　　　　　B．$(y')^2+2y=\cos x$

C．$y'y''=2y$ 　　　　　　　　　　　D．$xy''-5y'+3x^2y=\ln^2 x$

【解】 微分方程的"阶"是指方程中未知函数的导数的最高阶数，"线性"是指未知函数及其导数均以线性（一次）形式出现在方程中. 由于 A、C 中分别含有 $(y'')^2$ 和 $y'y''$ 项，都呈非线性形式，B 中 $(y')^2$ 是一阶导数，方程为一阶方程，故只有选项 D 正确. 事实上，D 中方程可化为二阶线性方程的标准形式为 $y''-\dfrac{5}{x}y'+3xy=\dfrac{1}{x}\ln x$.

【例5】 求方程 $(\mathrm{e}^{x+y}-\mathrm{e}^x)\mathrm{d}x+(\mathrm{e}^{x+y}+\mathrm{e}^y)\mathrm{d}y=0$ 的通解.

【解】 整理得

$$\mathrm{e}^x(\mathrm{e}^y-1)\mathrm{d}x=-\mathrm{e}^y(\mathrm{e}^x+1)\mathrm{d}y$$

用分离变量法，得

$$\frac{\mathrm{e}^y}{\mathrm{e}^y-1}\mathrm{d}y=-\frac{\mathrm{e}^x}{\mathrm{e}^x+1}\mathrm{d}x$$

两边求不定积分，得

$$\ln(e^y - 1) = -\ln(e^x + 1) + \ln C$$

于是所求方程的通解为

$$e^y - 1 = \frac{C}{e^x + 1}$$

即

$$e^y = \frac{C}{e^x + 1} + 1$$

说明：对可分离变量的微分方程要注意：分离变量后取不定积分时，为了化简方便，任意常数也可以用 $\ln C$ 表示.

【例 6】 求微分方程 $y' - 2xy = e^{x^2}\cos x$ 的通解.

【解一】 用常数变易法：

原方程对应的齐次方程 $\dfrac{dy}{dx} - 2xy = 0$ 分离变量，得

$$\frac{dy}{dx} = 2xy, \quad \frac{dy}{y} = 2x dx$$

两边积分，得

$$\int \frac{dy}{y} = \int 2x dx, \quad \ln y = x^2 + \ln C$$

$$\ln y = \ln e^{x^2} + \ln C = \ln(C e^{x^2}), \quad y = C e^{x^2}$$

设 $y = C(x)e^{x^2}$ 代入原方程，得

$$C'(x)e^{x^2} = e^{x^2}\cos x, \quad C'(x) = \cos x, \quad C(x) = \int \cos x dx = \sin x + C$$

故原方程的通解为 $y = e^{x^2}(\sin x + C)$ （C 为任意常数）.

【解二】 公式法：

这里 $P(x) = -2x$，$Q(x) = e^{x^2}\cos x$，代入通解公式得

$$\begin{aligned}
y &= e^{-\int -2x dx}\left(\int e^{x^2}\cos x \cdot e^{\int -2x dx} dx + C\right) \\
&= e^{x^2}\left(\int e^{x^2}\cos x \cdot e^{-x^2} dx + C\right) \\
&= e^{x^2}\left(\int \cos x dx + C\right) \\
&= e^{x^2}(\sin x + C) \quad （C \text{ 为任意常数}）
\end{aligned}$$

说明：一阶微分方程的解法主要有两种：分离变量法，常数变易法. 常数变易法主要适用于线性的一阶微分方程，若方程能化为标准形式 $y' + P(x)y = Q(x)$，也可直接利用公式 $y = e^{-\int P(x)dx}\left(\int Q(x)e^{\int P(x)dx}dx + C\right)$ 求通解.

【例 7】 求微分方程 $y' + \dfrac{2 - 3x^2}{x^3}y = 1$，$y|_{x=1} = 0$ 的特解.

【解】 因为 $P(x)=\dfrac{2-3x^2}{x^3}$，$Q(x)=1$，所以原方程的通解为

$$y=\mathrm{e}^{-\int\frac{2-3x^2}{x^3}\mathrm{d}x}\left[\int 1\mathrm{e}^{\int\frac{2-3x^2}{x^3}\mathrm{d}x}\mathrm{d}x+C\right]=\mathrm{e}^{-\int\left(\frac{2}{x^3}-\frac{3}{x}\right)\mathrm{d}x}\left[\int \mathrm{e}^{\int\left(\frac{2}{x^3}-\frac{3}{x}\right)\mathrm{d}x}\mathrm{d}x+C\right]$$

$$=\mathrm{e}^{\frac{1}{x^2}+3\ln x}\left[\int \mathrm{e}^{-\frac{1}{x^2}-3\ln x}\mathrm{d}x+C\right]=x^3\mathrm{e}^{\frac{1}{x^2}}\left[\int \mathrm{e}^{-\frac{1}{x^2}}\mathrm{d}\left(-\frac{1}{2x^2}\right)+C\right]$$

$$=x^3\mathrm{e}^{\frac{1}{x^2}}\left[\frac{1}{2}\mathrm{e}^{-\frac{1}{x^2}}+C\right]=x^3\left(C\mathrm{e}^{\frac{1}{x^2}}+\frac{1}{2}\right)$$

把条件 $y|_{x=1}=0$ 代入方程的通解中，得 $C=\dfrac{1}{2\mathrm{e}}$，所以原方程的特解为

$$y=x^3\left(\frac{1}{2\mathrm{e}}\mathrm{e}^{\frac{1}{x^2}}+\frac{1}{2}\right)=\frac{1}{2}x^3\left(\mathrm{e}^{\frac{1}{x^2}-1}+1\right)$$

【例 8】 求 $(y^2-6x)y'+2y=0$ 的通解（提示：把 x 当成 y 的函数）.

【解】 用常数变易法：分离变量，得 $\dfrac{\mathrm{d}y}{\mathrm{d}x}=\dfrac{2y}{6x-y^2}$，取倒数，有 $\dfrac{\mathrm{d}x}{\mathrm{d}y}=\dfrac{6x-y^2}{2y}=3\dfrac{x}{y}-\dfrac{1}{2}y$，是 x 关于 y 一阶线性微分方程，求此方程的通解.

对应的齐次方程为 $\dfrac{\mathrm{d}x}{\mathrm{d}y}=3\dfrac{x}{y}$，分离变量，得 $\dfrac{\mathrm{d}x}{x}=3\dfrac{\mathrm{d}y}{y}$，两边积分，得 $\ln x=3\ln y+\ln c$，即 $x=cy^3$.

设方程的解为 $x=c(y)y^3$，代入方程，有 $c'(y)y^3=-\dfrac{1}{2}y$，即 $c'(y)=-\dfrac{1}{2y^2}$，积分得 $c(y)=\dfrac{1}{2y}+C$，所以方程的通解为 $x=\dfrac{1}{2}y^2+Cy^3$.

【例 9】 设 $f(x)$ 为连续函数，由 $\displaystyle\int_0^x tf(t)\mathrm{d}t=x^2+f(x)$ 所确定，求 $f(x)$.

【解】 已知 $f(x)$ 为连续函数，所给关系式两边对 x 求导，可得

$$xf(x)=2x+f'(x)$$

记 $y=f(x)$，则上式可化为 $y'-xy=-2x$，为一阶线性微分方程，其中 $p(x)=-x$，$Q(x)=-2x$，从而

$$y=\mathrm{e}^{-\int P(x)\mathrm{d}x}\left(\int Q(x)\mathrm{e}^{\int P(x)\mathrm{d}x}\mathrm{d}x+C\right)$$

$$=\mathrm{e}^{-\int -x\mathrm{d}x}\left(\int -2x\mathrm{e}^{\int -x\mathrm{d}x}\mathrm{d}x+C\right)$$

$$=\mathrm{e}^{\frac{1}{2}x^2}\left(\int -2x\mathrm{e}^{-\frac{1}{2}x^2}\mathrm{d}x+C\right)$$

$$=\mathrm{e}^{\frac{1}{2}x^2}(2\mathrm{e}^{-\frac{1}{2}x^2}+C)=2+C\mathrm{e}^{\frac{1}{2}x^2}$$

由所给关系可知，当 $x=0$ 时，有

$$\int_0^0 tf(t)\mathrm{d}t = 0^2 + f(0)$$

从而 $f(0) = 0$ ，即 $y|_{x=0} = 0$ ，代入前面求得的通解为

$$0 = y|_{x=0} = 2 + C \cdot \mathrm{e}^0$$

得 $C = -2$ ，故 $y = 2 - 2\mathrm{e}^{\frac{1}{2}x^2}$ 为所求的解.

说明：（1）对于含有可变上（下）限积分的关系式，往往可以利用微分法，使其化为微分方程的形式，然后求解.

（2）前面关系式 $\int_0^x tf(t)\mathrm{d}t = x^2 + f(x)$ 隐含了条件 $f(0) = 0$ ，这是微分方程的初始条件，学习从题中找出隐含条件.

【例 10】 求微分方程 $x^3 y'' + x^2 y' = 1$ 的通解.

【解】 方程中不显含未知函数 y ，令 $y' = P(x)$ ， $y'' = \dfrac{\mathrm{d}P}{\mathrm{d}x}$ ，代入原方程，得 $x^3 \dfrac{\mathrm{d}P}{\mathrm{d}x} + x^2 P = 1$ ，

$\dfrac{\mathrm{d}P}{\mathrm{d}x} + \dfrac{1}{x}P = \dfrac{1}{x^3}$ ，这是关于未知函数 $P(x)$ 的一阶线性微分方程，代入常数变易法的通解公式，所以有

$$\begin{aligned} P(x) &= \mathrm{e}^{-\int \frac{1}{x}\mathrm{d}x}\left(\int \frac{1}{x^3}\mathrm{e}^{\int \frac{1}{x}\mathrm{d}x}\mathrm{d}x + C_1\right)\\ &= \mathrm{e}^{-\ln x}\left(\int \frac{1}{x^3}\mathrm{e}^{\ln x}\mathrm{d}x + C_1\right)\\ &= \frac{1}{x}\left(\int \frac{1}{x^3}\cdot x\mathrm{d}x + C_1\right)\\ &= \frac{1}{x}\left(-\frac{1}{x} + C_1\right)\\ &= -\frac{1}{x^2} + \frac{C_1}{x} \end{aligned}$$

由于 $\dfrac{\mathrm{d}y}{\mathrm{d}x} = -\dfrac{1}{x^2} + \dfrac{C_1}{x}$ ， $y = \int\left(-\dfrac{1}{x^2} + \dfrac{C_1}{x}\right)\mathrm{d}x = \dfrac{1}{x} + C_1\ln|x| + C_2$ ，因此，原方程的通解为

$y = \dfrac{1}{x} + C_1\ln|x| + C_2$ （ C_1, C_2 为任意常数）.

【例 11】 求 $y'' = 4y$ 满足初始条件 $y|_{x=0} = 1$ ， $y'|_{x=0} = 2$ 的特解.

【解】 $y'' = 4y$ ，即 $y'' - 4y = 0$ ，其特征方程为 $r^2 - 4 = 0$ ，特征根为 $r_1 = -2$ ， $r_2 = 2$ ，故方程的通解为

$$y = C_1\mathrm{e}^{-2x} + C_2\mathrm{e}^{2x}$$

代入初始条件 $y|_{x=0} = C_1 + C_2 = 1$ ， $y' = -2C_1\mathrm{e}^{-2x} + 2C_2\mathrm{e}^{2x}$ ， $y'|_{x=0} = -2C_1 + 2C_2 = 2$ ，联立方程组 $\begin{cases} C_1 + C_2 = 1 \\ -C_1 + C_2 = 1 \end{cases}$ ，解得 $C_1 = 0$ ， $C_2 = 1$.

故所求特解为 $y = \mathrm{e}^{2x}$.

【例 12】 下列方程中，通解为 $y = C_1 e^x + C_2 x e^x$ 的微分方程是（　　）．

A．$y'' - 2y' + y = 0$　　　　　　　　　　B．$y'' + 2y' + y = 1$

C．$y' + y = 0$　　　　　　　　　　　　　D．$y' = y$

【解】 由通解 $y = C_1 e^x + C_2 x e^x = (C_1 + C_2 x) e^x$ 可知，它是二阶常系数齐次线性微分方程的通解，方程的特征根为重根 $r_1 = r_2 = 1$，对应的特征方程为 $r^2 - 2r + 1 = 0$，其所对应的二阶常系数齐次线性微分方程为 $y'' - 2y' + y = 0$．所以选 A．

【例 13】 求微分方程 $y'' - 2ay' + y = 0$ 的通解．

【解】 原方程对应的特征方程为

$$r^2 - 2ar + 1 = 0, \qquad r_{1,2} = \frac{2a \pm \sqrt{4a^2 - 4}}{2} = a \pm \sqrt{a^2 - 1}$$

（1）当 $|a| > 1$，即 $a > 1$ 或 $a < -1$ 时，特征方程有两个不相等的实根，即

$$r_1 = a + \sqrt{a^2 - 1}, \quad r_2 = a - \sqrt{a^2 - 1}$$

故原方程的通解为

$$y = C_1 e^{(a + \sqrt{a^2 - 1})x} + C_2 e^{(a - \sqrt{a^2 - 1})x}$$

（2）当 $|a| = 1$，即 $a = 1$ 或 $a = -1$ 时，特征方程有两个相等的实根 $r_1 = r_2 = a$，故原方程的通解为 $y = (C_1 + C_2 x) e^{ax}$．

（3）当 $|a| < 1$，即 $-1 < a < 1$ 时，特征方程有两个共轭复根 $r_{1,2} = a \pm i\sqrt{1 - a^2}$，故原方程的通解为

$$y = e^{ax} \left(C_1 \cos \sqrt{1 - a^2}\, x + C_2 \sin \sqrt{1 - a^2}\, x \right)$$

【例 14】 求下列微分方程的通解或特解．

（1）$y'' - 2y' = 0$；　　　　　　　　　　（2）$y'' + 6y' + 10y = 0$；

（3）$y'' - 6y' + 9y = 0$，$y'|_{x=0} = 2$，$y|_{x=0} = 0$；

（4）$y'' + 3y' + 2y = 0$，$y'|_{x=0} = 1$，$y|_{x=0} = 1$．

【解】（1）该方程的特征方程为 $r^2 - 2r = 0$，即 $r(r - 2) = 0$，其特征根为 $r_1 = 0$，$r_2 = 2$．故微分方程的通解为 $y = C_1 + C_2 e^{2x}$．

（2）该方程的特征方程为 $r^2 + 6r + 10 = 0$，其特征根为 $r_{1,2} = -3 \pm 2i$．故微分方程的通解为 $y = e^{-3x}(C_1 \cos 2x + C_2 \sin 2x)$．

（3）该方程的特征方程为 $r^2 - 6r + 9 = 0$，即 $(r - 3)^2 = 0$，其特征根为 $r_1 = r_2 = 3$．故方程的通解为 $y = (C_1 + C_2 x) e^{3x}$．

将 $y|_{x=0} = 0$ 代入通解中，得 $C_1 = 0$．又 $y' = C_2 e^{3x} + 3(C_1 + C_2 x) e^{3x}$，将 $y'|_{x=0} = 2$ 代入上式中，得 $C_2 = 2$．故方程的特解为 $y = 2x e^{3x}$．

（4）该方程的特征方程为 $r^2 + 3r + 2 = 0$，即 $(r + 2)(r + 1) = 0$，其特征根为 $r_1 = -2$，$r_2 = -1$．故方程的通解为 $y = C_1 e^{-2x} + C_2 e^{-x}$．又 $y' = -2C_1 e^{-2x} - C_2 e^{-x}$，将 $y'|_{x=0} = 1$，$y|_{x=0} = 0$ 代入 y 及 y' 中，得

$$\begin{cases} C_1 + C_2 = 1 \\ -2C_1 - C_2 = 1 \end{cases}, \quad 解得 \begin{cases} C_1 = -2 \\ C_2 = 3 \end{cases}$$

故方程的特解为

$$y = -2e^{-2x} + 3e^{-x}$$

【例15】　求下列微分方程的通解.

（1）$y'' + 6y' + 9y = 5xe^{-3x}$ ；　　　　　　　　　　（2）$y'' + 3y' - 4y = 5e^x$.

【解】（1）特征方程为 $r^2 - 6r + 9 = 0$ ，即 $(r+3)^2 = 0$ ，其特征根为 $r_{1,2} = -3$ ，所以对应齐次方程的通解为 $Y = (C_1 + C_2 x)e^{-3x}$.

因为 $f(x) = 5xe^{-3x}$ ，$m = 1$ ，$\lambda = -3$ ，而 $\lambda = -3$ 是特征重根，故设特解为

$$y^* = Ax^3 e^{-3x}$$

求 y^* 的导数，得

$$y^{*\prime} = 3Ax^2 e^{-3x} - 3Ax^3 e^{-3x}, \quad y^{*\prime\prime} = 6Axe^{-3x} - 18Ax^2 e^{-3x} + 9Ax^3 e^{-3x}$$

将 y^* ，$y^{*\prime}$ ，$y^{*\prime\prime}$ 代入原方程，得

$$6Axe^{-3x} = 5xe^{-3x}$$

比较两端同次幂的系数，得 $A = \dfrac{5}{6}$ ，由此求得一个特解为 $y^* = \dfrac{5}{6}x^3 e^{-3x}$.

所以原方程的通解为

$$y = \left(C_1 + C_2 x + \frac{5}{6}x^3 \right) e^{-3x}$$

（2）特征方程为 $r^2 + 3r - 4 = 0$ ，即 $(r+4)(r-1) = 0$ ，其特征根为 $r_1 = -4$ ，$r_2 = 1$ ，其对应的齐次方程的通解为 $Y = C_1 e^{-4x} + C_2 e^x$.

因为 $f(x) = 5e^x$ ，$m = 0$ ，$\lambda = 1$ ，而 $\lambda = 1$ 是特征单根，故设特解为

$$y^* = Axe^x$$

求 y^* 的导数，得

$$y^{*\prime} = Ae^x + Axe^x, \quad y^{*\prime\prime} = 2Ae^x + Axe^x$$

将 y^* ，$y^{*\prime}$ ，$y^{*\prime\prime}$ 代入原方程，得 $5Ae^x = 5e^x$.

比较两端同次幂的系数，得 $A = 1$ ，由此求得一个特解为 $y^* = xe^x$.

所以原方程的通解为

$$y = C_1 e^{-4x} + C_2 e^x + xe^x$$

【例16】　在某池塘内养鱼，该池塘最多能养鱼1000尾. 在时刻 t ，鱼数 y 是时间 t 的函数 $y = y(t)$ ，其变化率与鱼数 y 及 $1000 - y$ 成正比. 已知在池塘内养鱼100尾，3个月后池塘内有鱼250尾，求放养 t 月后池塘内鱼数 $y(t)$ 的公式.

【解】　由题意列出微分方程及初始条件为

$$\begin{cases} \dfrac{dy}{dt} = ky(1\,000 - y) \\ y|_{t=0} = 100 \\ y|_{t=3} = 250 \end{cases} \quad (\text{其中}k\text{为比例系数},\, k > 0)$$

分离变量得　$\dfrac{1}{y(1\,000 - y)}dy = kdt$ ，即 $\dfrac{1}{1\,000}\left(\dfrac{1}{y} + \dfrac{1}{1\,000 - y} \right)dy = kdt$ ，两边积分

$$\int \frac{1}{1\,000}\left(\frac{1}{y}+\frac{1}{1\,000-y}\right)\mathrm{d}y = \int k\mathrm{d}t$$

得

$$\frac{1}{1\,000}\left(\ln y - \ln(1\,000-y)\right) = kt + \ln C_1$$

即

$$\ln \frac{y}{C_1\left(1\,000-y\right)} = 1\,000kt$$

整理得

$$y = \frac{1\,000}{1+C\mathrm{e}^{-1\,000kt}} \qquad \left(其中 C = \frac{1}{C_1}\right)$$

将初始条件代入 $y\big|_{t=0} = \dfrac{1\,000}{1+C} = 100$，解得 $C=9$，$y\big|_{t=3} = \dfrac{1\,000}{1+9\mathrm{e}^{-3\,000k}} = 250$，解得

$k = \dfrac{\ln 3}{3\,000}$，故方程的特解为

$$y = \frac{1\,000}{1+9\mathrm{e}^{-\frac{\ln 3}{3}t}} = \frac{1\,000\times 3^{\frac{t}{3}}}{9+3^{\frac{t}{3}}}$$

【例17】 已知某曲线经过点 $(1,1)$，它的切线在纵轴上的截距等于切点的横坐标，求它的方程.

【解】 设所求曲线方程为 $y=f(x)$，$P(x,y)$ 为其上任一点，则过 P 点的曲线的切线方程为 $Y-y = y'(X-x)$.

由假设，当 $X=0$ 时，$Y=x$，从而上式成为 $\dfrac{\mathrm{d}y}{\mathrm{d}x} - \dfrac{1}{x}y = -1$. 因此求曲线 $y=y(x)$ 的问题，转化为求解微分方程的特解问题：

$$\begin{cases} y' - \dfrac{1}{x}y = -1 \\ y\big|_{x=1} = 1 \end{cases}$$

由公式 $y = \mathrm{e}^{-\int P(x)\mathrm{d}x}\left(\int Q(x)\mathrm{e}^{\int P(x)\mathrm{d}x}\mathrm{d}x + C\right)$，得

$$y = \mathrm{e}^{\int \frac{1}{x}\mathrm{d}x}\left(\int (-1)\mathrm{e}^{-\int \frac{1}{x}\mathrm{d}x}\mathrm{d}x + C\right) = -x\ln x + Cx$$

代入 $y\big|_{x=1}=1$ 得 $C=1$，故所求曲线方程为 $y = x(1-\ln x)$.

【例18】 当一次谋杀发生后，尸体的温度从原来的 37℃ 按照牛顿冷却定律（物体温度的变化率与该物体周围介质温度之差成正比）开始变凉. 假设两个小时后尸体温度变为 35℃，并且假定周围空气的温度保持在 20℃ 不变.

（1）求出自谋杀发生后尸体的温度 H 是如何作为时间 t（以小时为单位）的函数随时间变化的.

（2）画出温度—时间曲线.

（3）最终尸体的温度如何？用图像和代数两种方式表示这种结果.

（4）如果尸体被发现时的温度是 30℃，时间是下午 4 点，那么谋杀是何时发生的.

【解】（1）由题意，得牛顿冷却定律的表达式为

$$\frac{\mathrm{d}H}{\mathrm{d}t}=k(H-20)，\quad H(0)=37，\quad H(2)=35$$

分离变量，得 $\frac{\mathrm{d}H}{H-20}=k\mathrm{d}t$，两边积分，得 $\ln(H-20)=kt+\ln C$，即 $H=20+Ce^{kt}$.

代入初始条件 $H(0)=37$，$H(2)=35$，得

$$\begin{cases} H(0)=20+C=37 \\ H(2)=20+Ce^{2k}=35 \end{cases} \Rightarrow \begin{cases} C=17 \\ k=\ln\sqrt{\dfrac{15}{17}} \end{cases}$$

所以，自谋杀发生后尸体温度关于时间的表达式为 $H=20+17\,e^{\ln\sqrt{\frac{15}{17}}\,t}=20+17\,e^{-0.062\,6t}$.

（2）由 $H=20+17\,e^{-0.062\,6t}$，得温度—时间曲线，如图
6.1 所示.

（3）由曲线图可以看出，随着时间 t 的增大，H 越来越接近于 20℃.

从函数上看

$$\lim_{t\to+\infty}H=\lim_{t\to+\infty}(20+17e^{-0.062\,6t})=20$$

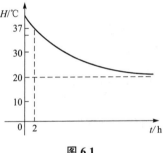

图 6.1

所以，最终尸体的温度为 20℃.

（4）当 $H=30$℃时，有 $30=20+17e^{-0.062\,6t}$，解得
$t\approx 8.5\mathrm{h}$.

所以，如果尸体被发现时的温度是 30℃，时间是下午 4 点，那么谋杀发生在早上 7:30.

【例 19】 设跳伞员和降落伞以及所带物品总质量为 m，下落过程中所受阻力与速度成正比，规定 $t=0$ 时 $v=0$，求速度 $v(t)$ （设 k 为比例系数）.

【解】 由题意 $v=v(t)$. 跳伞员跳伞时重力的大小为 mg（g 是重力加速度），方向与速度的方向一致,阻力为 kv，方向与 v 的方向相反. 从而跳伞员在下落过程中所受的外力为 $F=mg-kv$.

根据牛顿第二定律 $F=ma$（a 为加速度且 $a=\frac{\mathrm{d}v}{\mathrm{d}t}$），于是跳伞员在下落过程中，速度 $v(t)$ 所满足的微分方程是

$$m\frac{\mathrm{d}v}{\mathrm{d}t}=mg-kv，\quad 初始条件是 v|_{t=0}=0$$

这是一个可分离变量的微分方程，分离变量，积分得

$$\frac{\mathrm{d}v}{mg-kv}=\frac{1}{m}\mathrm{d}t，\quad -\frac{1}{k}\ln(mg-kv)=\frac{t}{m}+\ln C_1，\quad v=\frac{mg}{k}+Ce^{-\frac{k}{m}t}$$

将初始条件 $v|_{t=0}=0$ 代入上式，得 $C=-\frac{mg}{k}$，于是，所求的速度 v 与时间 t 的函数关系为

$$v=\frac{mg}{k}\left(1-e^{-\frac{k}{m}t}\right).$$

【例 20】 已知某种商品的价格 p 对时间 t 的变化率与需求和供给之差成正比，设需求函数为 $f(p)=4p-p^2$，供给函数为 $g(p)=2p+1$，当 $t=0$ 时，$p=2$. 试求价格关于时间的函数 $p(t)$.

【解】 由题意得方程为 $\dfrac{\mathrm{d}p}{\mathrm{d}t}=k\left[(4p-p^2)-(2p+1)\right]$，初始条件 $p\big|_{t=0}=2$.

分离变量得

$$\frac{1}{2p-p^2-1}\mathrm{d}p=k\mathrm{d}t$$

两边积分得

$$\frac{1}{p-1}=kt+C$$

整理得

$$p=\frac{1}{kt+C}+1$$

又由 $p\big|_{t=0}=2$，得 $C=1$，所以价格关于时间的函数为 $p(t)=\dfrac{1}{kt+1}+1$.

【例 21】 某林区现有木材 10 万 m³，如果在每一瞬时木材的变化率与当时木材数成正比，假设 10 年内这林区能有木材 20 万 m³，试确定木材数 p 与时间 t 的关系.

【解】 由题意得微分方程 $\dfrac{\mathrm{d}p}{\mathrm{d}t}=kp$，初始条件 $p\big|_{t=0}=10$，$p\big|_{t=10}=20$.

解微分方程得 $p=Ce^{kt}$，将 $p\big|_{t=0}=10$，$p\big|_{t=10}=20$，代入得 $C=10$，$k=\dfrac{\ln 2}{10}$.

所以所求木材数 p 与时间 t 的关系式为 $p=10e^{\frac{\ln 2}{10}t}$，即 $p=10\times 2^{\frac{t}{10}}$（万 m³）.

【例 22】 某商品的需求量 Q 对价格 P 的弹性为 $-P\ln 3$，若该商品的最大需求量为 1 200（即 $P=0$ 时，$Q=1\ 200$），P 的单位为元，Q 的单位为 kg.

（1）求需求量 Q 与价格 P 的函数关系；

（2）求当价格为 1 元时，市场对该商品的需求量；

（3）当 $P\to\infty$ 时，需求量的变化趋势如何？

【解】 （1）由题设条件可知

$$\frac{P}{Q}\cdot\frac{\mathrm{d}Q}{\mathrm{d}P}=-P\ln 3，\quad 即\ \frac{\mathrm{d}Q}{\mathrm{d}P}=-Q\ln 3$$

这是可分离变量的微分方程，分离变量得

$$\frac{\mathrm{d}Q}{Q}=-\ln 3\mathrm{d}P$$

两边积分，化简得通解为 $Q=C3^{-P}$.

由初始条件 $Q\big|_{P=0}=1\ 200$，得 $C=1\ 200$，所以 $Q=1\ 200\times 3^{-P}$.

（2）当 $P=1$ 元时，$Q=1\ 200\times 3^{-1}=400\ \mathrm{kg}$.

（3）显然 $P\to\infty$ 时，$Q\to 0$，即随着价格的无限增大，需求量将趋于零.

说明： 用微分方程求解实际问题的关键是建立实际问题的数学模型——微分方程. 这首先要根据实际问题所提供的条件，选择和确定模型的变量；再根据有关学科，如物理、化学、生物、几何、经济等学科理论，找到这些变量所遵循的定律，用微分方程将其表示出来. 为此，必须了解相关学科的一些基本概念、原理和定律；要会用导数或微分表示几何量和物理量. 如在几何中曲线切线的斜率 $k = \dfrac{\mathrm{d}y}{\mathrm{d}x}$（纵坐标对横坐标的导数），物理中变速直线运动的速度 $v = \dfrac{\mathrm{d}s}{\mathrm{d}t}$，加速度 $a = \dfrac{\mathrm{d}v}{\mathrm{d}t} = \dfrac{\mathrm{d}^2 s}{\mathrm{d}t^2}$，角速度 $w = \dfrac{\mathrm{d}\theta}{\mathrm{d}t}$，电流 $i = \dfrac{\mathrm{d}q}{\mathrm{d}t}$ 等.

四、复习题六

1. 填空题

（1）微分方程 $\dfrac{\mathrm{d}y}{\mathrm{d}x} = 2$ 的通解是 _____.

（2）微分方程 $y' = \mathrm{e}^{2x-y}$ 满足初始条件 $y|_{x=0} = 0$ 的特解是 _____.

（3）微分方程 $y' = \tan x \cdot \tan y$ 的通解是 _____.

（4）一条曲线过原点，且它每一点处的切线斜率等于 $2x+y$，则该曲线方程是 _____.

（5）若 $r_1 = 0, r_2 = -1$ 是二阶常系数线性齐次微分方程的特征根，则该方程的特解是 _____.

（6）设 $y_1 = x\mathrm{e}^x$，$y_2 = \mathrm{e}^x$ 是二阶常系数线性齐次微分方程 $y'' + py' + qy = 0$ 的两个解，则 $p =$ _____，$q =$ _____.

（7）微分方程 $y'' + 4y' + 3y = 0$ 的通解为 $y =$ _____.

（8）$x + 3x^2 - y' = 0$ 的通解为 $y =$ _____.

（9）$(xy^2 + x)\mathrm{d}x + (y + x^2 y)\mathrm{d}y = 0$ 的通解为 $y =$ _____.

（10）微分方程 $y' = \mathrm{e}^{x-y}$ 的通解为 $y =$ _____.

2. 求下列微分方程的通解或给定条件下的特解：

（1）$\dfrac{\mathrm{d}y}{\mathrm{d}x} = \ln x^y$；

（2）$(xy^2 + x)\mathrm{d}x + (x^2 y - y)\mathrm{d}y = 0$，$y|_{x=0} = 1$；

（3）$xy' + y = \mathrm{e}^x$；

（4）$y' + y \cdot \tan x = \sec x$，$y|_{x=\pi} = -1$.

3. 计算题

（1）$y'' = x\mathrm{e}^x$；

（2）$2(y')^2 = y''(y-1)$，$y|_{x=1} = 2$，$y'|_{x=1} = -1$；

（3）$(1+x^2)y'' = 2xy'$，$y|_{x=0} = 1$，$y'|_{x=0} = 3$；

（4）$(1+x^2)y'' = 2xy'$.

4. 求下列微分方程的通解或给定条件下的特解：

（1）$y'' - y' - 2y = 0$；

（2）$y'' + 4y' + 13y = 0$；

（3）$y'' + a^2 y = 0$，$y|_{x=0} = 0$，$y'|_{x=0} = 1$；

（4）$2y'' - 2\sqrt{6}y' + 3y = 0$，$y|_{x=0} = 0$，$y'|_{x=0} = 1$.

5. 求方程 $y'' - y = 0$ 的积分曲线，使其在点（0，0）处与直线 $y=x$ 相切.

6. 设 $f(x)$ 为连续函数，满足方程：$f(x)+2\int_0^x f(t)\mathrm{d}t=x^2$，求 $f(x)$.

五、复习题六答案

1. （1） $y=2x+C$ （2） $\mathrm{e}^y=\dfrac{1}{2}(\mathrm{e}^{2x}+1)$

   （3） $\cos x\cdot\sin y=C$ （4） $y=2(\mathrm{e}^x-1-x)$

   （5） $y=C_1+C_2\mathrm{e}^{-x}$ （6） -2，1

   （7） $C_1\mathrm{e}^{-x}+C_2\mathrm{e}^{-3x}$ （8） $\dfrac{1}{2}x^2+x^3+C$

   （9） $(1+x^2)(1+y^2)=C$ （10） $\mathrm{e}^y=\mathrm{e}^x+C$

2. （1） $y=\dfrac{Cx^x}{\mathrm{e}^x}$ （2） $(x^2-1)(y^2+1)=-2$

   （3） $y=\dfrac{1}{x}(\mathrm{e}^x+C)$ （4） $y=\cos x(\tan x+1)$

3. （1） $y=x\mathrm{e}^x-2\mathrm{e}^x+C_1x+C_2$ （2） $y=1+\dfrac{1}{x}$

   （3） $y=x^3+3x+1$ （4） $y=C_1\left(x+\dfrac{1}{3}x^3\right)+C_2$

4. （1） $y=C_1\mathrm{e}^{-x}+C_2\mathrm{e}^{2x}$ （2） $y=\mathrm{e}^{-2x}(C_1\cos 3x+C_2\sin 3x)$

   （3） $y=\dfrac{1}{a}\sin ax$ （4） $y=x\mathrm{e}^{\frac{\sqrt{6}}{2}x}$

5. 通解：$y=C_1\mathrm{e}^x+C_2\mathrm{e}^{-x}$，特解：$y=\dfrac{1}{2}\mathrm{e}^x-\dfrac{1}{2}\mathrm{e}^{-x}$.

6. 对等式两边求导，得 $f'(x)+2f(x)=2x$，其通解为 $f(x)=C\mathrm{e}^{-2x}+x-\dfrac{1}{2}$，又 $f(0)=0$，得 $C=\dfrac{1}{2}$，故 $f(x)=\dfrac{1}{2}\mathrm{e}^{-2x}+x-\dfrac{1}{2}$.

六、自 测 题 六

1. 填空题（每小题 4 分，共 24 分）

（1）微分方程 $(y'')^3+xy^{(4)}=y^7\sin x$ 的阶数是_____.

（2）方程 $y'+2y=0$ 的通解是_____.

（3） $y''=2\sin x$ 的通解为_____.

（4）方程 $y''+2y'=0$ 的通解是_____.

（5）以 $y=C_1\mathrm{e}^{-x}+C_2\mathrm{e}^x$（$C_1$，$C_2$ 为任意常数）为通解的二阶常系数线性微分方程为_____.

（6）微分方程 $y''-5y'+6y=0$ 的通解是_____.

2. 选择题（每小题 4 分，共 24 分）

（1）下列微分方程中，（   ）是线性微分方程.

A. $y''x + 2y'\ln x + y^2 = 0$ B. $y''x^2 - xy = e^y$

C. $y'''e^x + y\sin x = \ln x$ D. $y'y - xy'' = \cos x$

（2）微分方程 $y' + \dfrac{y}{x} = 0$ 满足 $y|_{x=2} = 1$ 的特解是（   ）.

   A. $y = \dfrac{4}{x^2}$ B. $y = \dfrac{2}{x}$ C. $y = e^{x-2}$ D. $y = \log_2 x$

（3）特征方程 $r^2 - 2r + 2 = 0$ 所对应的齐次线性微分方程是（   ）.

   A. $y'' - 2y' + 2 = 0$ B. $y'' - 2y' - 2 = 0$

   C. $y'' - 2y' + 2y = 0$ D. $y'' + 2y' + 2y = 0$

（4）微分方程 $F(x, y^4, y', (y'')^2) = 0$ 的通解中含有（   ）个独立任意常数.

   A. 1   B. 2   C. 3   D. 4

（5）一曲线在其上任意一点处切线斜率为 $-\dfrac{2x}{y}$，则曲线是（   ）.

   A. 直线   B. 抛物线   C. 双曲线   D. 椭圆

（6）方程 $y'' = x + \sin x$ 的通解是（   ）.

   A. $y = \dfrac{x^3}{6} - \sin x + C_1 x + C_2$ B. $y = \dfrac{x^3}{6} - \sin x + Cx$

   C. $y = \dfrac{x^3}{6} + \sin x + C_1 x + C_2$ D. $y' = \dfrac{x^2}{2} - \cos x + C$

3. 计算题（每小题 6 分，共 24 分）

（1）$(1 + e^x)yy' = e^x$ （2）$y' + 2xy = e^{-x^2}$

（3）$y'' - y' = x$ （4）$y'' - 4y' + 5y = 0$

4. 求微分方程 $y'' - 12y' + 36y = 0$ 满足初始条件 $y|_{x=0} = 1,\ y'|_{x=0} = 0$ 的特解（7 分）.

5. 设 $\displaystyle\int_0^x f(t)\mathrm{d}t = e^x - 1 - f(x)$，求 $f(x)$（7 分）.

6. 设曲线上任一点 $P(x, y)$ 的切线斜率等于 $-\left(1 + \dfrac{y}{x}\right)$，且通过点（2，1），求这个曲线方程（7 分）.

7. 已知某种产品的纯利润 L 关于广告费 x 的变化率与常数 C_0 和纯利润 L 之差成正比，设当 $x = 0$ 时，$L = L_0$. 试求纯利润关于广告费的函数关系式（7 分）.

七、自测题六答案

1. （1）4   （2）$y = Ce^{-2x}$ （3）$-2\sin x + C_1 x + C_2$ （4）$y = C_1 + C_2 e^{-2x}$

   （5）$y'' - y = 0$ （6）$C_1 e^{2x} + C_2 e^{3x}$

2. （1）C   （2）B   （3）C   （4）B   （5）D   （6）A

3. （1）$y^2 = 2\ln(1 + e^x) + C$ （2）$y = e^{-x^2}(x + C)$ （3）$y = C_1 e^x - \dfrac{1}{2}x^2 - x + C_2$

   （4）$y = e^{2x}(C_1 \cos x + C_2 \sin x)$

4. $y = (1 - 6x)e^{6x}$

5. $f(x) = \dfrac{1}{2}(e^x - e^{-x})$

6. $y = \dfrac{4}{x} - \dfrac{x}{2}$

7. $L = C_0 - (C_0 - L_0)e^{-kx}$

第二部分

线性代数

第七章

行列式与矩阵学习指导

行列式与矩阵是线性代数中的重要概念，在经济管理等方面有着广泛的应用. 本章将对行列式的概念、性质及相关运算进行训练和指导.

一、教 学 要 求

1. 了解 n 阶行列式的计算，了解行列式的性质.
2. 掌握二、三阶行列式的计算，了解行列式的展开定理及克拉默法则.
3. 理解矩阵的概念，掌握矩阵的运算（线性运算、乘法运算、转置及运算规律）.
4. 理解逆矩阵的概念及存在条件.
5. 熟练掌握矩阵的初等变换.
6. 理解矩阵秩的概念，掌握用初等变换求矩阵的秩和矩阵的逆.

重点：行列式的概念；矩阵的乘法；逆矩阵；矩阵的初等变换；矩阵的秩.

难点：矩阵的乘法运算；矩阵的初等变换；逆矩阵；伴随矩阵.

二、学 习 要 求

1. 行列式是实数，矩阵是数表，运算法则不同.
2. 矩阵的乘法运算无交换律，无消去律，无零律.
3. 矩阵 A 求逆 $(A, E) \xrightarrow{\text{初等行变换}} (E, A^{-1})$.
4. 若 A 不是方阵，则 A 没有行列式，没有逆矩阵.

三、典型例题分析

【例1】 计算下列行列式：

（1）$\begin{vmatrix} \cos x & \sin x \\ -\sin x & \cos x \end{vmatrix}$；　　　　　　（2）$\begin{vmatrix} 2 & 3 & 4 \\ 5 & -2 & 1 \\ 1 & 2 & 3 \end{vmatrix}$.

【解】（1）$\begin{vmatrix} \cos x & \sin x \\ -\sin x & \cos x \end{vmatrix} = \cos x \cos x - \sin x(-\sin x) = \cos^2 x + \sin^2 x = 1$

（2）$\begin{vmatrix} 2 & 3 & 4 \\ 5 & -2 & 1 \\ 1 & 2 & 3 \end{vmatrix} = 2 \times (-1)^{1+1} \begin{vmatrix} -2 & 1 \\ 2 & 3 \end{vmatrix} - 3 \times (-1)^{1+2} \begin{vmatrix} 5 & 1 \\ 1 & 3 \end{vmatrix} + 4 \times (-1)^{1+3} \begin{vmatrix} 5 & -2 \\ 1 & 2 \end{vmatrix}$

$$= 2 \times (-6 - 2) + (-3) \times (15 - 1) + 4 \times (10 + 2)$$
$$= -24 - 42 + 48$$
$$= -18$$

【例2】　计算行列式.

$$\begin{vmatrix} 1 & 2 & 3 \\ 2 & 3 & 1 \\ 3 & 1 & 2 \end{vmatrix}$$

【解】　把前两行都加到第三行有

$$\begin{vmatrix} 1 & 2 & 3 \\ 2 & 3 & 1 \\ 3 & 1 & 2 \end{vmatrix} = \begin{vmatrix} 1 & 2 & 3 \\ 2 & 3 & 1 \\ 6 & 6 & 6 \end{vmatrix} = 6 \times \begin{vmatrix} 1 & 2 & 3 \\ 2 & 3 & 1 \\ 1 & 1 & 1 \end{vmatrix} = 6 \times \begin{vmatrix} 0 & 1 & 2 \\ 0 & 1 & -1 \\ 1 & 1 & 1 \end{vmatrix} = 6 \times \begin{vmatrix} 0 & 0 & 3 \\ 0 & 1 & -1 \\ 1 & 1 & 1 \end{vmatrix} = 6 \times (-3) = -18$$

【例3】　用克拉默法则求解方程组.

$$\begin{cases} 2x_1 - x_2 + 3x_3 = 5 \\ 3x_1 + x_2 + 5x_3 = 5 \\ 4x_1 - x_2 + x_3 = 9 \end{cases}$$

【解】　方程组的系数行列式为

$$D = \begin{vmatrix} 2 & -1 & 3 \\ 3 & 1 & 5 \\ 4 & -1 & 1 \end{vmatrix} = -26 \neq 0$$

所以方程组有唯一解，而

$$D_1 = \begin{vmatrix} 5 & -1 & 3 \\ 5 & 1 & 5 \\ 9 & -1 & 1 \end{vmatrix} = -52$$

$$D_2 = \begin{vmatrix} 2 & 5 & 3 \\ 3 & 5 & 5 \\ 4 & 9 & 1 \end{vmatrix} = 26$$

$$D_3 = \begin{vmatrix} 2 & -1 & 5 \\ 3 & 1 & 5 \\ 4 & -1 & 9 \end{vmatrix} = 0$$

所以，$x_1 = \dfrac{D_1}{D} = \dfrac{-52}{-26} = 2$，$x_2 = \dfrac{D_2}{D} = \dfrac{26}{-26} = -1$，$x_3 = \dfrac{D_3}{D} = \dfrac{0}{-26} = 0$.

【例 4】　问当 k 为何值时，齐次线性方程组

$$\begin{cases} x_1 + (k^2+1)x_2 + 2x_3 = 0 \\ x_1 + (2k+1)x_2 + 2x_3 = 0 \\ kx_1 + kx_2 + (2k+1)x_3 = 0 \end{cases} \quad \text{有非零解.}$$

【分析】　由克拉默法则知，齐次线性方程组有非零解的必要条件为系数行列式 $D = 0$.

【解】

$$D = \begin{vmatrix} 1 & k^2+1 & 2 \\ 1 & 2k+1 & 2 \\ k & k & 2k+1 \end{vmatrix}$$

$$= \begin{vmatrix} 1 & k^2+1 & 2 \\ 0 & k(2-k) & 0 \\ 0 & -k^3 & 1 \end{vmatrix} = 1 \times \begin{vmatrix} k(2-k) & 0 \\ -k^3 & 1 \end{vmatrix}$$

$$= k(2-k)$$

令 $D=0$，即 $k(2-k)=0$，得 $k=0$ 或 $k=2$.

因此，当 $k=0$ 或 $k=2$ 时，此齐次线性方程组有非零解.

【例 5】　判断下列叙述是否正确：

（1）任何矩阵都有行列式；

（2）对矩阵 A、B，若 AB、BA 均有意义，则必须 $AB = BA$；

（3）对任意的两个矩阵 A、B，$A-B$ 一定有意义.

【解】（1）不正确，只有方阵才有行列式.

（2）不正确. 例如，$A = \begin{pmatrix} 1 \\ 2 \end{pmatrix}$，$B = (2 \quad 1)$，则

$$AB = \begin{pmatrix} 1 \\ 2 \end{pmatrix}(2 \quad 1) = \begin{pmatrix} 2 & 1 \\ 4 & 2 \end{pmatrix}$$

而

$$BA = (2 \quad 1)\begin{pmatrix} 1 \\ 2 \end{pmatrix} = 4，\quad AB \neq BA$$

（3）不正确. 只有两个系数行列式均相同的矩阵之间才能相加减.

【例 6】　设 $A = \begin{pmatrix} 2 & 2 \\ 3 & 3 \end{pmatrix}$，$B = \begin{pmatrix} 1 & 2 \\ 2 & 1 \end{pmatrix}$，求 $\det(AB)$.

【解】　$AB = \begin{pmatrix} 2 & 2 \\ 3 & 3 \end{pmatrix}\begin{pmatrix} 1 & 2 \\ 2 & 1 \end{pmatrix} = \begin{pmatrix} 6 & 6 \\ 9 & 9 \end{pmatrix}$

$$\det(AB) = \begin{vmatrix} 6 & 6 \\ 9 & 9 \end{vmatrix} = 0$$

【例 7】　$AX=A+2X$，其中 $A = \begin{pmatrix} 4 & 2 \\ 1 & 1 \end{pmatrix}$，求矩阵 X.

【解】 $\qquad (A-2E)X=A$

$$X=(A-2E)^{-1}A$$

$$=\begin{pmatrix} 2 & 2 \\ 1 & -1 \end{pmatrix}^{-1}\begin{pmatrix} 4 & 2 \\ 1 & 1 \end{pmatrix}$$

$$=\begin{pmatrix} \dfrac{1}{4} & \dfrac{1}{2} \\ \dfrac{1}{4} & -\dfrac{1}{2} \end{pmatrix}\begin{pmatrix} 4 & 2 \\ 1 & 1 \end{pmatrix}$$

$$=\begin{pmatrix} \dfrac{3}{2} & 1 \\ \dfrac{1}{2} & 0 \end{pmatrix}$$

【例 8】 求下列方阵的逆阵.

（1） $\begin{pmatrix} 1 & 0 \\ 1 & 1 \end{pmatrix}$；
$\qquad\qquad$
（2） $\begin{pmatrix} 1 & 1 & 1 \\ 2 & 2 & 1 \\ 3 & 2 & 1 \end{pmatrix}$.

【分析】 矩阵逆矩阵的求法有两种：一种是利用伴随矩阵 A^*，有 $A^{-1}=\dfrac{1}{\det A}A^*$；另一种是利用矩阵的初等变换.

【解】（1）**方法一**：因为 $\det A=\begin{vmatrix} 1 & 0 \\ 1 & 1 \end{vmatrix}=1\neq 0$，所以矩阵可逆.

又因为 $A_{11}=1$，$A_{12}=-1$，$A_{21}=0$，$A_{22}=1$，有

$$A^*=\begin{pmatrix} 1 & -1 \\ 0 & 1 \end{pmatrix}^{\mathrm{T}}=\begin{pmatrix} 1 & 0 \\ -1 & 1 \end{pmatrix}$$

所以

$$A^{-1}=\frac{1}{\det A}A^*=\frac{1}{1}\times\begin{pmatrix} 1 & 0 \\ -1 & 1 \end{pmatrix}=\begin{pmatrix} 1 & 0 \\ -1 & 1 \end{pmatrix}$$

方法二：利用矩阵的初等变换：

$$(A\mid E)=\begin{pmatrix} 1 & 0 & \cdots & 1 & 0 \\ 1 & 1 & \cdots & 0 & 1 \end{pmatrix}\xrightarrow{r_2\to r_1}\begin{pmatrix} 1 & 0 & \cdots & 1 & 0 \\ 0 & 1 & \cdots & -1 & 1 \end{pmatrix}=(E\mid A^{-1})$$

所以 $A^{-1}=\begin{pmatrix} 1 & 0 \\ -1 & 1 \end{pmatrix}$.

（2）**方法一**：因为

$$\det A=\begin{vmatrix} 1 & 1 & 1 \\ 2 & 2 & 1 \\ 3 & 2 & 1 \end{vmatrix}=-1\neq 0$$

所以 A 可逆.

又因为 $A_{11}=(-1)^{1+1}\begin{vmatrix} 2 & 1 \\ 2 & 1 \end{vmatrix}=0$，$A_{12}=(-1)^{1+2}\begin{vmatrix} 2 & 1 \\ 3 & 1 \end{vmatrix}=1$，$A_{13}=(-1)^{1+3}\begin{vmatrix} 2 & 2 \\ 3 & 2 \end{vmatrix}=-2$

$$A_{21} = (-1)^{2+1}\begin{vmatrix} 1 & 1 \\ 2 & 1 \end{vmatrix} = 1, \quad A_{22} = (-1)^{2+2}\begin{vmatrix} 1 & 1 \\ 3 & 1 \end{vmatrix} = -2, \quad A_{23} = (-1)^{2+3}\begin{vmatrix} 1 & 1 \\ 3 & 2 \end{vmatrix} = 1$$

$$A_{31} = (-1)^{3+1}\begin{vmatrix} 1 & 1 \\ 2 & 1 \end{vmatrix} = -1, \quad A_{32} = (-1)^{3+2}\begin{vmatrix} 1 & 1 \\ 2 & 1 \end{vmatrix} = 1, \quad A_{33} = (-1)^{3+3}\begin{vmatrix} 1 & 1 \\ 2 & 2 \end{vmatrix} = 0$$

$$A^* = \begin{pmatrix} 0 & 1 & -2 \\ 1 & -2 & 1 \\ -1 & 1 & 0 \end{pmatrix}^T = \begin{pmatrix} 0 & 1 & -1 \\ 1 & -2 & 1 \\ -2 & 1 & 0 \end{pmatrix}$$

所以 $A^{-1} = \dfrac{1}{\det A} A^* = -\begin{pmatrix} 0 & 1 & -1 \\ 1 & -2 & 1 \\ -2 & 1 & 0 \end{pmatrix} = \begin{pmatrix} 0 & -1 & 1 \\ -1 & 2 & -1 \\ 2 & -1 & 0 \end{pmatrix}.$

方法二：利用矩阵的初等变换：

$$(A \mid E) = \begin{pmatrix} 1 & 1 & 1 & \cdots & 1 & 0 & 0 \\ 2 & 2 & 1 & \cdots & 0 & 1 & 0 \\ 3 & 2 & 1 & \cdots & 0 & 0 & 0 \end{pmatrix} \xrightarrow[r_3-3r_1]{r_2-2r_1} \begin{pmatrix} 1 & 1 & 1 & \cdots & 1 & 0 & 0 \\ 0 & 0 & -1 & \cdots & -2 & 1 & 0 \\ 0 & -1 & -2 & \cdots & -3 & 0 & 1 \end{pmatrix}$$

$$\xrightarrow{r_2 \leftrightarrow r_3} \begin{pmatrix} 1 & 1 & 1 & \cdots & 1 & 0 & 0 \\ 0 & -1 & -2 & \cdots & -3 & 0 & 1 \\ 0 & 0 & -1 & \cdots & -2 & 1 & 0 \end{pmatrix} \xrightarrow[(-1)r_2]{(-1)r_3} \begin{pmatrix} 1 & 1 & 1 & \cdots & 1 & 0 & 0 \\ 0 & 1 & 2 & \cdots & 3 & 0 & -1 \\ 0 & 0 & 1 & \cdots & 2 & -1 & 0 \end{pmatrix}$$

$$\xrightarrow[r_2-2r_3]{r_1-r_3} \begin{bmatrix} 1 & 1 & 0 & \cdots & -1 & 1 & 0 \\ 0 & 1 & 0 & \cdots & -1 & 2 & -1 \\ 0 & 0 & 1 & \cdots & 2 & -1 & 0 \end{bmatrix} \xrightarrow{r_1-r_2} \begin{pmatrix} 1 & 0 & 0 & \cdots & 0 & -1 & 1 \\ 0 & 1 & 0 & \cdots & -1 & 2 & -1 \\ 0 & 0 & 1 & \cdots & 2 & -1 & 0 \end{pmatrix} = (E \mid A^{-1})$$

所以 $A^{-1} = \begin{pmatrix} 0 & -1 & 1 \\ -1 & 2 & -1 \\ 2 & -1 & 0 \end{pmatrix}.$

【例 9】 求解矩阵方程 $\begin{pmatrix} 2 & 1 \\ 1 & 1 \end{pmatrix} X = \begin{pmatrix} 0 & -1 \\ 2 & 0 \end{pmatrix}.$

【解】 令 $A = \begin{pmatrix} 2 & 1 \\ 1 & 1 \end{pmatrix}$, $B = \begin{pmatrix} 0 & -1 \\ 2 & 0 \end{pmatrix}$, 矩阵方程为 $AX = B$.

由 $A^{-1} \cdot A \cdot X = A^{-1} \cdot B$, 得 $X = A^{-1} \cdot B$.

而 $A^{-1} = \dfrac{1}{\det A} \cdot A^* = \dfrac{1}{\begin{vmatrix} 2 & 1 \\ 1 & 1 \end{vmatrix}} \begin{pmatrix} 1 & -1 \\ -1 & 2 \end{pmatrix}^T = \begin{pmatrix} 1 & -1 \\ -1 & 2 \end{pmatrix}$

$$A^{-1}B = \begin{pmatrix} 1 & -1 \\ -1 & 2 \end{pmatrix}\begin{pmatrix} 0 & -1 \\ 2 & 0 \end{pmatrix} = \begin{pmatrix} -2 & -1 \\ 4 & 1 \end{pmatrix}$$

所以 $X = \begin{pmatrix} -2 & -1 \\ 4 & 1 \end{pmatrix}.$

【例 10】 求下列矩阵的秩：

$$（1）A=\begin{pmatrix} -8 & 8 & 2 & -3 & 1 \\ 2 & -2 & 2 & 12 & 6 \\ -1 & 1 & 1 & 3 & 2 \end{pmatrix}; \qquad （2）A=\begin{pmatrix} 1 & -1 & 2 & 1 & 0 \\ 2 & -2 & 4 & -2 & 0 \\ 3 & 0 & 6 & -1 & 1 \\ 0 & 3 & 0 & 0 & 1 \end{pmatrix}.$$

【分析】 由于矩阵的初等变换不改变矩阵的秩，因此可以利用矩阵的初等变换将矩阵化为阶梯形矩阵，而行阶梯形矩阵非零行的个数即为矩阵的秩.

【解】（1）对矩阵 A 施以初等行变换：

$$A \rightarrow \begin{pmatrix} -1 & 1 & 1 & 3 & 2 \\ 2 & -2 & 2 & 12 & 6 \\ -8 & 8 & 2 & -3 & 1 \end{pmatrix} \rightarrow \begin{pmatrix} -1 & 1 & 1 & 3 & 2 \\ 0 & 0 & 4 & 18 & 10 \\ 0 & 0 & -6 & -27 & -15 \end{pmatrix} \rightarrow \begin{pmatrix} -1 & 1 & 1 & 3 & 2 \\ 0 & 0 & 4 & 18 & 10 \\ 0 & 0 & 0 & 0 & 0 \end{pmatrix}$$

此行阶梯形矩阵有两个非零行，故 $r(A)=2$.

（2）对矩阵施以初等行变换：

$$A \rightarrow \begin{pmatrix} 1 & -1 & 2 & 1 & 0 \\ 0 & 0 & 0 & -4 & 0 \\ 0 & 3 & 0 & -4 & 1 \\ 0 & 3 & 0 & 0 & 1 \end{pmatrix} \rightarrow \begin{pmatrix} 1 & -1 & 2 & 1 & 0 \\ 0 & 0 & 0 & -4 & 0 \\ 0 & 3 & 0 & -4 & 1 \\ 0 & 0 & 0 & 4 & 0 \end{pmatrix} \rightarrow \begin{pmatrix} 1 & -1 & 2 & 1 & 0 \\ 0 & 3 & 0 & -4 & 1 \\ 0 & 0 & 0 & -4 & 1 \\ 0 & 0 & 0 & 0 & 0 \end{pmatrix}$$

此行阶梯形矩阵有三个非零行，故 $r(A)=3$.

【例 11】 已知 A，B 均为 n 阶对称阵，求证：$AB+BA$ 也是对称阵.

【证明】 由条件 $A^{\mathrm{T}}=A$，$B^{\mathrm{T}}=B$，根据转置矩阵性质（2）、（4）知
$$(AB+BA)^{\mathrm{T}}=(AB)^{\mathrm{T}}+(BA)^{\mathrm{T}}=B^{\mathrm{T}}A^{\mathrm{T}}+A^{\mathrm{T}}B^{\mathrm{T}}=BA+AB=AB+BA$$
所以 $AB+BA$ 也是对称阵.

【例 12】 若 A 不是零矩阵，但 $A^2=0$，这样的矩阵存在吗？试举一例.

【解】 存在.
$$A=\begin{pmatrix} 1 & -1 \\ 1 & -1 \end{pmatrix}，则有 A^2=\begin{pmatrix} 1 & -1 \\ 1 & -1 \end{pmatrix}\begin{pmatrix} 1 & -1 \\ 1 & -1 \end{pmatrix}=\begin{pmatrix} 0 & 0 \\ 0 & 0 \end{pmatrix}.$$

四、复 习 题 七

1. 填空题

（1）设 $A=\begin{pmatrix} 3 & 4 & 0 & 1 \\ -2 & -1 & 5 & 0 \end{pmatrix}$，$B=\begin{pmatrix} 0 & 1 & 12 & 3 \\ -3 & 1 & 1 & 6 \end{pmatrix}$，则 $-3A+B=$＿＿＿＿.

（2）$\begin{vmatrix} 0 & 1 & 0 & 0 \\ 0 & 0 & 1 & 0 \\ 0 & 0 & 0 & 1 \\ 4 & 0 & 0 & 0 \end{vmatrix}=$＿＿＿＿.

（3）已知 $\begin{vmatrix} -x & 1 & 0 \\ 1 & -x & 0 \\ 1 & 2 & 3-x \end{vmatrix}=0$，则 $x=$＿＿＿.

（4）$A = \begin{pmatrix} 1 & -3 \\ -2 & 4 \end{pmatrix}$，则 $A^* = $ _____，$A^{-1} = $ _____.

（5）当 $\lambda = $ ___ 时，$\begin{cases} \lambda x_1 + x_2 = 0 \\ 4x_1 + \lambda x_2 = 0 \end{cases}$ 有非零解.

（6）已知 $A = (a_{ij})_{3 \times 6}$，$C = (C_{ij})_{4 \times 6}$ 若 ABC 有意义，则 B 为 ___ 行 ____ 列矩阵.

2. 选择题

（1）若行列式 $\begin{vmatrix} 1 & 2 & 5 \\ 1 & 3 & -2 \\ 2 & 5 & a \end{vmatrix} = 0$，则 $a = $（ ）.

    A. 2   B. 3   C. -2   D. -3

（2）若 A 是 $m \times n$ 矩阵，B 是 $n \times p$ 矩阵，C 是 $p \times m$ 矩阵，则下列运算不可行的是（ ）.

    A. $C + (AB)^{\mathrm{T}}$ B. ABC

    C. $(BC)^{\mathrm{T}} - A$ D. AC^{T}

（3）矩阵转置后其秩（ ）.

    A. 不变   B. 变大   C. 变小   D. 不一定

（4）若 $AB = AC$，当（ ）时，$B = C$.

    A. $A \neq 0$ B. A^{-1} 存在

    C. 只有 $A = E$ D. $B \neq 0$ 且 $C \neq 0$

（5）A、B 均为 n 阶方阵，下列各等式成立的是（ ）.

    A. $|A + B| = |A| + |B|$ B. $|AB| = n|A||B|$

    C. $|kA| = k|A|$ D. $|-kA| = (-k)^n |A|$

3. 解矩阵方程：

$$X \begin{pmatrix} 2 & 1 & -1 \\ 2 & 1 & 0 \\ 1 & -1 & 1 \end{pmatrix} = \begin{pmatrix} 1 & 4 & 1 \\ -1 & 3 & -2 \end{pmatrix}$$

4. 已知 $A = \begin{pmatrix} 1 & 0 & 1 \\ -1 & 1 & 1 \\ 2 & -1 & 1 \end{pmatrix}$，$B = \begin{pmatrix} 10 \\ 0 \\ 15 \end{pmatrix}$，求：

（1）A^{-1}；

（2）满足矩阵方程 $AX = B$ 的解.

5. 求矩阵 $\begin{pmatrix} 1 & 1 & 2 & 2 & 1 \\ 0 & 2 & 1 & 5 & -1 \\ 2 & 0 & 3 & -1 & 3 \\ 1 & 1 & 0 & 5 & -1 \end{pmatrix}$ 的秩.

6. 利用克拉默法则求解线性方程组：

$$\begin{cases} x_1 + 2x_2 - x_3 = -1 \\ 2x_1 - x_2 + x_3 = 3 \\ x_1 - 2x_2 - x_3 = -3 \end{cases}$$

7. 求矩阵 X 使其满足 $AX = A + 2X$，其中 $A = \begin{pmatrix} 3 & 0 & 1 \\ 1 & 1 & 0 \\ 0 & 1 & 4 \end{pmatrix}$.

8. 若 n 阶方阵 A 满足 $A^2 + A - 3E = 0$，试证：$A - E$ 可逆，且 $(A-E)^{-1} = A + 2E$.

五、复习题七答案

1. （1）$\begin{pmatrix} -9 & -11 & 12 & 0 \\ 3 & 4 & -14 & 6 \end{pmatrix}$ （2）-4 （3）$1, -1, 3$

（4）$\begin{pmatrix} 4 & 3 \\ 2 & 1 \end{pmatrix}, \begin{pmatrix} -2 & -\dfrac{3}{2} \\ -1 & -\dfrac{1}{2} \end{pmatrix}$ （5）$2, -2$ （6）$6, 4$

2. （1）B （2）D （3）A （4）B （5）D

3. $X = \begin{pmatrix} -\dfrac{10}{3} & 5 & -\dfrac{7}{3} \\ -\dfrac{1}{3} & 1 & -\dfrac{7}{3} \end{pmatrix}$

4. （1）$\begin{pmatrix} 2 & -1 & -1 \\ 3 & -1 & -2 \\ -1 & 1 & 1 \end{pmatrix}$ （2）$\begin{pmatrix} 5 \\ 0 \\ 5 \end{pmatrix}$

5. $r(A)=3$

6. $x_1=1$，$x_2=1$，$x_3=3$

7. $X = \begin{pmatrix} 5 & -2 & -2 \\ 4 & -3 & -2 \\ -2 & 2 & 3 \end{pmatrix}$ （提示：$(A-2E)X = A$，$X = (A-2E)^{-1}A$）

8. 证明：因为　　　　　　　　$A^2+A-3E=0$
所以　　　　　　　　　$A^2+A-2E=E$，$(A-E)(A+2E)=E$
所以　　　　　　　　　$(A-E)^{-1}=(A+2E)$

六、自 测 题 七

（总分 100 分，时间 100 分钟）

1. 判断题（每题 2 分，共 12 分）

设 A，B 均为 n 阶方阵，$|A| \neq 0$，$|B| \neq 0$.

（1）若 $AB=0$，则 $A=0$ 或 $B=0$.（　　　）

（2）$(A+B)(A-B) = A^2 - B^2$.（　　　）

（3）$(AB)^T = A^T B^T$.（　　　）

（4）$(AB)^{-1} = B^{-1}A^{-1}$．（　　）

（5）$|kA| = k|A|$（k 为实数）．（　　）

（6）$|AB| = |A||B|$．（　　）

2．单项选择题（每题 2 分，共 8 分）

（1）下列矩阵中必为方阵的是（　　）．

    A．零矩阵   B．可逆矩阵

    C．转置矩阵   D．线性方程组系数矩阵

（2）若 A 为 3 行 4 列矩阵，B 为 4 行 3 列矩阵，则 $A^{\mathrm{T}}B^{\mathrm{T}}$ 为（　　）．

    A．4 行 4 列矩阵   B．4 行 3 列矩阵   C．3 行 4 列矩阵   D．3 行 3 列矩阵

（3）若矩阵 A，B，有 $AB = 0$，则（　　）．

    A．$A=0$ 或 $B=0$ B．$A=B=0$ C．$A \neq 0$，$B \neq 0$ D．以上都不对

（4）若矩阵 A，B，C，有 $AB=AC$，则（　　）．

    A．$B=C$ B．A 可逆   C．$A=E$ D．$B \neq C$

3．用克拉默法则判断方程组 $\begin{cases} x_1 + 2x_2 + 4x_3 = 0 \\ 2x_1 + 3x_2 - x_3 = 3 \\ x_1 + 4x_2 + 22x_3 = -2 \end{cases}$ 是否有解．（6 分）

4．计算 $(-1 \quad 1 \quad 0) \begin{pmatrix} 2 & 0 & 1 \\ 0 & 4 & 2 \\ 1 & 1 & 0 \end{pmatrix} \begin{pmatrix} 1 & 0 \\ 0 & 3 \\ 2 & 2 \end{pmatrix}$．（6 分）

5．求解矩阵方程．（4 分）

$$\begin{pmatrix} 1 & 1 & 1 \\ 2 & -1 & -1 \\ 1 & -1 & 1 \end{pmatrix} X = \begin{pmatrix} 1 \\ 1 \\ 2 \end{pmatrix}$$

6．解行列式（8 分）

（1）$\begin{vmatrix} 0 & 1 & 1 & 1 \\ 1 & 0 & 2 & 3 \\ 1 & 2 & 0 & -1 \\ 1 & 3 & -1 & 0 \end{vmatrix}$；   （2）$\begin{vmatrix} 0 & 0 & 1 & 2 \\ 1 & 2 & 3 & 0 \\ 3 & 4 & 0 & 0 \\ 5 & 0 & 0 & 0 \end{vmatrix}$．

7．计算 $\begin{vmatrix} 1+x & 1 & 1 & 1 \\ 1 & 1-x & 1 & 1 \\ 1 & 1 & 1+y & 1 \\ 1 & 1 & 1 & 1-y \end{vmatrix}$．（4 分）

8．设 A、B 为 n 阶方阵，且 AB 可逆，求证：

（1）A、B 均可逆；（3 分）

（2）$(AB)^{-1}=B^{-1}A^{-1}$．（3 分）

9．求矩阵 X．（4 分）

$AX + E = A^2 + X$，其中 $A = \begin{pmatrix} 3 & 4 \\ 5 & 6 \end{pmatrix}$.

10. 求 A 的逆矩阵.（12 分）

（1）$A = \begin{pmatrix} 4 & -3 \\ 1 & -2 \end{pmatrix}$；

（2）$A = \begin{pmatrix} 0 & -2 \\ 4 & 6 \end{pmatrix}$；

（3）$A = \begin{pmatrix} 1 & 0 & 2 \\ 2 & 1 & 0 \\ 3 & 0 & 1 \end{pmatrix}$；

（4）$A = \begin{pmatrix} 1 & 1 & 2 \\ 0 & 1 & 1 \\ 0 & 0 & 1 \end{pmatrix}$.

11. 若 $A = \begin{pmatrix} 3 & -2 \\ 5 & -4 \end{pmatrix}$，$B = \begin{pmatrix} 3 & 4 \\ 2 & 5 \end{pmatrix}$，求 $2A+B$，$A-B$，$A^{\mathrm{T}}B$，A^2，AB，$|B-A|$.（12 分）

12. 用行列式解方程组.（4 分）

（1）$\begin{cases} x\cos\theta - y\sin\theta = 1 \\ x\sin\theta + y\cos\theta = 0 \end{cases}$；

（2）$\begin{cases} x_1 + 4x_2 + x_3 = 1 \\ x_1 + x_2 + x_3 = 0 \\ 2x_1 + 3x_3 = 0 \end{cases}$.

13. 求矩阵 X.（4 分）

$$\begin{pmatrix} 1 & -1 & 1 \\ 1 & 1 & 0 \\ 3 & 2 & 1 \end{pmatrix} X \begin{pmatrix} 1 & -1 & 1 \\ 1 & 1 & 0 \\ 3 & 2 & 1 \end{pmatrix} = \begin{pmatrix} 4 & 2 & 3 \\ 0 & -1 & 5 \\ 2 & 1 & 1 \end{pmatrix}$$

14. 求矩阵的秩.（6 分）

（1）$\begin{pmatrix} 1 & 1 & 1 & 1 \\ 2 & 1 & 2 & 1 \\ 4 & 3 & 4 & 3 \end{pmatrix}$；

（2）$\begin{pmatrix} 1 & 2 & 3 & 4 & 1 \\ 3 & 2 & 3 & 2 & 0 \\ 4 & 4 & 6 & 6 & 1 \end{pmatrix}$.

15. 若 $A = \begin{pmatrix} 1 & 2 & 1 \\ 2 & 1 & 2 \end{pmatrix}$，$B = \begin{pmatrix} 4 & 3 & 2 \\ -2 & 1 & -2 \end{pmatrix}$，$X$ 满足 $A^{\mathrm{T}} + X^{\mathrm{T}} = B^{\mathrm{T}}$，求 X.（4 分）

七、自测题七答案

1.（1）错误 （2）错误 （3）错误 （4）正确 （5）错误 （6）正确

2.（1）B （2）A （3）D （4）B

3. 无解

4. (0, 14)

5. $\begin{pmatrix} \dfrac{2}{3} \\ -\dfrac{1}{2} \\ \dfrac{5}{6} \end{pmatrix}$

6.（1）12 （2）120

7. x^2y^2

8. 证明略

9. $\begin{pmatrix} 4 & 4 \\ 5 & 7 \end{pmatrix}$

10. （1）$\begin{pmatrix} \dfrac{2}{5} & -\dfrac{3}{5} \\ \dfrac{1}{5} & -\dfrac{4}{5} \end{pmatrix}$
　　　　　　　　　　　　　　　　（2）$\begin{pmatrix} \dfrac{3}{4} & \dfrac{1}{4} \\ -\dfrac{1}{2} & 0 \end{pmatrix}$

　　（3）$\begin{pmatrix} -\dfrac{1}{5} & 0 & \dfrac{2}{5} \\ \dfrac{2}{5} & 1 & -\dfrac{4}{5} \\ \dfrac{3}{5} & 0 & -\dfrac{1}{5} \end{pmatrix}$
　　　　　　　　　　　　　　　　（4）$\begin{pmatrix} 1 & -1 & -1 \\ 0 & 1 & -1 \\ 0 & 0 & 1 \end{pmatrix}$

11. $\begin{pmatrix} 9 & 0 \\ 12 & -3 \end{pmatrix}$，$\begin{pmatrix} 0 & -6 \\ 3 & -9 \end{pmatrix}$，$\begin{pmatrix} 19 & 37 \\ 14 & -28 \end{pmatrix}$，$\begin{pmatrix} -1 & 2 \\ -5 & 6 \end{pmatrix}$，$\begin{pmatrix} 5 & 2 \\ 7 & 0 \end{pmatrix}$，18

12. （1）$x=\cos\theta$，$y=-\sin\theta$　　（2）$x_1=-1$，$x_2=\dfrac{1}{3}$，$x_3=\dfrac{2}{3}$

13. $X=\begin{pmatrix} -13 & -75 & 30 \\ 9 & 52 & -21 \\ 21 & 120 & -47 \end{pmatrix}$

14. （1）2　　（2）2

15. $\begin{pmatrix} 3 & 1 & 1 \\ -4 & 0 & -4 \end{pmatrix}$

第八章

线性方程组与线性规划学习指导

本章包括齐次线性方程和非齐次线性方程组解的情况的判定和求解及线性规划数学模型. 线性规划在运输问题、生产配料合理下料问题等方面有广泛的应用.

一、教 学 要 求

1. 掌握齐次线性方程组解的结构及利用矩阵的初等变换求线性方程组通解的方法.
2. 掌握非齐次线性方程组解的结构及利用矩阵的初等变换求线性方程组通解的方法.
3. 理解线性规划研究的对象及线性规划的三要素：决策变量，目标函数，约束条件.
4. 能建立简单的线性规划问题的数学模型，掌握线性规划问题数学模型的一般形式.
5. 能用单纯型法求解简单的线性规划问题.

重点：齐次线性方程组及非齐次线性方程组通解的求法；线性规划问题的数学模型.
难点：线性规划问题的数学模型；单纯型法.

二、学 习 要 求

1. 利用初等变换解线性方程组是基本的方法.
2. 弄清矩阵的秩与方程组的解之间的关系.
3. 掌握线性规划问题数学模型的建立.

三、典型例题分析

【**例 1**】 求下列齐次线性方程组的通解.

$$(1)\begin{cases} 3x_1 + 4x_2 + 2x_3 + 2x_4 = 0 \\ 2x_1 + 3x_2 + x_3 + x_4 = 0 \\ 3x_1 + 5x_2 + x_3 + x_4 = 0 \\ 4x_1 + 5x_2 + 3x_3 + 3x_4 = 0 \end{cases};\quad (2)\begin{cases} x_1 + x_2 + x_3 + x_5 = 0 \\ 3x_1 + 2x_2 + x_3 + x_4 - 3x_5 = 0 \\ x_2 + 2x_3 + 2x_4 = 0 \\ 5x_1 + 4x_2 + 3x_3 + 4x_4 - 7x_5 = 0 \end{cases}.$$

【分析】　利用矩阵的初等变换化阶梯形矩阵的方法，得到 $r(A)=r$，从而确定自由未知量的个数为 $n-r$ 个，然后根据行阶梯形对应的简化线性方程组确定某 $n-r$ 个自由未知量，将它们赋值成任意常数，求解之，从而得到方程组的通解.

【解】（1）系数矩阵：

$$A = \begin{pmatrix} 3 & 4 & 2 & 2 \\ 2 & 3 & 1 & 1 \\ 3 & 5 & 1 & 1 \\ 4 & 5 & 3 & 3 \end{pmatrix} \xrightarrow{r_1-r_2} \begin{pmatrix} 1 & 1 & 1 & 1 \\ 2 & 3 & 1 & 1 \\ 3 & 5 & 1 & 1 \\ 4 & 5 & 3 & 3 \end{pmatrix} \xrightarrow[r_3-3r_1]{\begin{subarray}{c} r_4-4r_1 \\ r_2-2r_1 \end{subarray}} \begin{pmatrix} 1 & 1 & 1 & 1 \\ 0 & 1 & -1 & -1 \\ 0 & 2 & -2 & -2 \\ 0 & 1 & -1 & -1 \end{pmatrix}$$

$$\xrightarrow[r_4-r_2]{r_3-2r_2} \begin{pmatrix} 1 & 1 & 1 & 1 \\ 0 & 1 & -1 & -1 \\ 0 & 0 & 0 & 0 \\ 0 & 0 & 0 & 0 \end{pmatrix} \xrightarrow{r_1=r_2} \begin{pmatrix} 1 & 0 & 2 & 2 \\ 0 & 1 & -1 & -1 \\ 0 & 0 & 0 & 0 \\ 0 & 0 & 0 & 0 \end{pmatrix}$$

得 $r(A)=2$，取自由未知量为 x_3，x_4，得同解方程组

$$\begin{cases} x_1 = -2x_3 - 2x_4 \\ x_2 = x_3 + x_4 \end{cases}$$

分别取 $x_3 = c_1, x_4 = c_2$，得原方程组通解为

$$\begin{cases} x_1 = -2c_1 - 2c_2 \\ x_2 = c_1 + c_2 \\ x_3 = c_1 \\ x_4 = c_2 \end{cases} \quad (c_1, c_2 \text{为任意常数})$$

（2）系数矩阵：

$$A = \begin{pmatrix} 1 & 1 & 1 & 0 & 1 \\ 3 & 2 & 1 & 1 & -3 \\ 0 & 1 & 2 & 2 & 0 \\ 5 & 4 & 3 & 4 & -7 \end{pmatrix} \xrightarrow[r_2-3r_1]{r_4-5r_1} \begin{pmatrix} 1 & 1 & 1 & 0 & 1 \\ 0 & 1 & 2 & -1 & 6 \\ 0 & 1 & 2 & 2 & 0 \\ 0 & -1 & -2 & 4 & -12 \end{pmatrix}$$

$$\xrightarrow[r_3+r_2]{r_4-r_2} \begin{pmatrix} 1 & 1 & 1 & 0 & 1 \\ 0 & -1 & -2 & 1 & -6 \\ 0 & 0 & 0 & 3 & -6 \\ 0 & 0 & 0 & 3 & -6 \end{pmatrix} \xrightarrow[\begin{subarray}{c}(-1)r_2\\(1/3)r_3\end{subarray}]{r_4-r_3} \begin{pmatrix} 1 & 1 & 1 & 0 & 1 \\ 0 & 1 & 2 & -1 & 6 \\ 0 & 0 & 0 & 1 & -2 \\ 0 & 0 & 0 & 0 & 0 \end{pmatrix}$$

$$\xrightarrow[r_1-r_2]{r_2+r_3} \begin{pmatrix} 1 & 0 & -1 & 0 & -3 \\ 0 & 1 & 2 & 0 & 4 \\ 0 & 0 & 0 & 1 & -2 \\ 0 & 0 & 0 & 0 & 0 \end{pmatrix}$$

得 $r(A)=3$，取 x_3, x_5 为自由未知量，得同解方程组

$$\begin{cases} x_1 = x_3 + x_5 \\ x_2 = -2x_3 - 4x_5 \\ x_4 = 2x_5 \end{cases}$$

取 $x_3 = c_1, x_5 = c_2$，得原方程的通解为

$$\begin{cases} x_1 = c_1 + c_2 \\ x_2 = -2c_1 - c_2 \\ x_3 = c_1 \qquad (c_1, c_2 \text{ 为任意常数}) \\ x_4 = 2c_2 \\ x_5 = c_2 \end{cases}$$

【例2】 对于线性方程组

$$\begin{cases} \lambda x_1 + x_2 + x_3 = \lambda - 3 \\ x_1 + \lambda x_2 + x_3 = -2 \\ x_1 + x_2 + \lambda x_3 = -2 \end{cases}$$ ①

讨论 λ 为何值时，方程组① 无解；② 有唯一解；③ 有无穷多解.

【分析】 非齐次线性方程组的解可由比较系数矩阵 A 的秩与增广矩阵 $\overline{A}$ 的秩的大小来判定，即当 $r(A) \neq r(\overline{A})$ 时，方程组无解；当 $r(A) = r(\overline{A}) = n$（$n$ 为未知量的个数）时，方程组有唯一解；当 $r(A) = r(\overline{A}) < n$ 时，方程组有无穷多解.

【解】 方程组的增广矩阵：

$$\overline{A} = \begin{pmatrix} \lambda & 1 & 1 & \cdots & \lambda-3 \\ 1 & \lambda & 1 & \cdots & -2 \\ 1 & 1 & \lambda & \cdots & -2 \end{pmatrix} \xrightarrow{r_1 \leftrightarrow r_3} \begin{pmatrix} 1 & 1 & \lambda & \cdots & -2 \\ 1 & \lambda & 1 & \cdots & -2 \\ \lambda & 1 & 1 & \cdots & \lambda-3 \end{pmatrix}$$

$$\xrightarrow[r_2 - r_1]{r_3 - \lambda r_1} \begin{pmatrix} 1 & 1 & \lambda & \cdots & -2 \\ 1 & \lambda-1 & 1-\lambda & \cdots & 0 \\ \lambda & 1-\lambda & 1-\lambda^2 & \cdots & 3\lambda-3 \end{pmatrix}$$

$$\xrightarrow{r_3 + r_2} \begin{pmatrix} 1 & 1 & \lambda & \cdots & -2 \\ 1 & \lambda-1 & 1-\lambda & \cdots & 0 \\ 0 & 0 & 2-\lambda-\lambda^2 & \cdots & 3\lambda-3 \end{pmatrix}$$

$$\longrightarrow \begin{pmatrix} 1 & 1 & \lambda & \cdots & -2 \\ 1 & \lambda-1 & 1-\lambda & \cdots & 0 \\ 0 & 0 & -(\lambda+2)(\lambda-1) & \cdots & 3(\lambda-1) \end{pmatrix}$$

当 $\lambda = -2$ 时，$r(A) = 2, r(\overline{A}) = 3, r(A) \neq r(\overline{A})$，方程组无解；

当 $\lambda \neq -2$ 且 $\lambda \neq 1$ 时，$r(A) = r(\overline{A}) = 3$，方程组有唯一解；

当 $\lambda = 1$ 时，$r(A) = r(\overline{A}) = 1 < 3$，方程组有无穷多解.

【例3】 求解下列非齐次线性方程组：

$$（1）\begin{cases} 3x_1 - 3x_2 - 5x_3 + 7x_4 = -1 \\ x_1 - x_2 + x_3 - 3x_4 = 1 \\ x_1 - x_2 - x_3 + x_4 = 0 \\ 2x_1 - 2x_2 - 4x_3 + 6x_4 = -1 \end{cases}; \qquad （2）\begin{cases} x_1 + x_2 + x_3 + 4x_4 + x_5 = 3 \\ x_1 - x_2 + x_3 - 2x_4 - x_5 = 1 \\ 2x_1 + x_2 + 3x_3 + 5x_4 + x_5 = 5 \\ 3x_1 + x_2 + 5x_3 + 6x_4 + x_5 = 7 \end{cases}.$$

【分析】 求解非齐次线性方程组的一般步骤.

（1）写出增广矩阵 $\overline{A} = (A|b)$，对增广矩阵做初等行变换，将其化为行阶梯形矩阵，求得 $r(A)$ 及 $r(\overline{A})$.

（2）讨论方程组的解，当 $r(A) \neq r(\overline{A})$ 时，方程组无解；当 $r(A) = r(\overline{A}) = n$ 时，方程组有唯一解；当 $r(A) = r(\overline{A}) < n$ 时，方程组有无穷多解.

【解】（1）增广矩阵：

$$\overline{A} = \begin{pmatrix} 3 & -3 & -5 & 7 & \cdots & -1 \\ 1 & -1 & 1 & 3 & \cdots & 1 \\ 1 & -1 & -1 & 1 & \cdots & 0 \\ 2 & -2 & -4 & 6 & \cdots & -1 \end{pmatrix} \xrightarrow{r_1 \leftrightarrow r_3} \begin{pmatrix} 1 & -1 & -1 & 1 & \cdots & 0 \\ 1 & -1 & 1 & -3 & \cdots & 1 \\ 3 & -3 & -5 & 7 & \cdots & -1 \\ 2 & -2 & -4 & 6 & \cdots & -1 \end{pmatrix}$$

$$\xrightarrow[\substack{r_3-3r_1 \\ r_4-2r_1}]{r_2-r_1} \begin{pmatrix} 1 & -1 & -1 & 1 & \cdots & 0 \\ 0 & 0 & 2 & -4 & \cdots & 1 \\ 0 & 0 & -2 & 4 & \cdots & -1 \\ 0 & 0 & -2 & 4 & \cdots & -1 \end{pmatrix} \xrightarrow[\frac{1}{2}r_2]{\substack{r_4+r_2 \\ r_3+r_2}} \begin{pmatrix} 1 & -1 & -1 & 1 & \cdots & 0 \\ 0 & 0 & 1 & -2 & \cdots & \frac{1}{2} \\ 0 & 0 & 0 & 0 & \cdots & 0 \\ 0 & 0 & 0 & 0 & \cdots & 0 \end{pmatrix}$$

$$\xrightarrow{r_1+r_2} \begin{pmatrix} 1 & -1 & 0 & -1 & \cdots & \frac{1}{2} \\ 0 & 0 & 1 & -2 & \cdots & \frac{1}{2} \\ 0 & 0 & 0 & 0 & \cdots & 0 \\ 0 & 0 & 0 & 0 & \cdots & 0 \end{pmatrix}$$

得 $r(A) = r(\overline{A}) = 2 < 4$，故方程组有无穷多解，取 x_2, x_4 为自由未知量，得同解方程组为

$$\begin{cases} x_1 = x_2 + x_4 + \dfrac{1}{2} \\ x_3 = 2x_4 + \dfrac{1}{2} \end{cases}$$

取 $x_2 = c_1$，$x_4 = c_2$，得原方程组的通解为

$$\begin{cases} x_1 = c_1 + c_2 + \dfrac{1}{2} \\ x_2 = c_1 \\ x_3 = 2c_2 + \dfrac{1}{2} \\ x_4 = c_2 \end{cases} \qquad （c_1, c_2 \text{ 为任意常数}）$$

（2）增广矩阵：

$$\overline{A} = \begin{pmatrix} 1 & 1 & 1 & 4 & 1 & \cdots & 3 \\ 1 & -1 & 1 & -2 & -1 & \cdots & 1 \\ 2 & 1 & 3 & 5 & 1 & \cdots & 5 \\ 3 & 1 & 5 & 6 & 1 & \cdots & 7 \end{pmatrix} \xrightarrow[\substack{r_3-2r_1 \\ r_4-3r_1}]{r_2-r_1} \begin{pmatrix} 1 & 1 & 1 & 4 & 1 & \cdots & 3 \\ 0 & -2 & 0 & -6 & -2 & \cdots & -2 \\ 0 & -1 & 1 & -3 & -1 & \cdots & -1 \\ 0 & -2 & 2 & -6 & -2 & \cdots & -2 \end{pmatrix}$$

$$\xrightarrow[\substack{(-1/2)r_2 \\ r_3+r_2}]{r_4-r_2} \begin{pmatrix} 1 & 1 & 1 & 4 & 1 & \cdots & 3 \\ 0 & 1 & 0 & 3 & 1 & \cdots & 1 \\ 0 & 0 & 1 & 0 & 0 & \cdots & 0 \\ 0 & 0 & 2 & 0 & 0 & \cdots & 0 \end{pmatrix} \xrightarrow[\substack{r_1-r_3 \\ r_4-3r_3}]{r_1-r_2} \begin{pmatrix} 1 & 0 & 0 & 1 & 0 & \cdots & 2 \\ 0 & 1 & 0 & 3 & 1 & \cdots & 1 \\ 0 & 0 & 1 & 0 & 0 & \cdots & 0 \\ 0 & 0 & 0 & 0 & 0 & \cdots & 0 \end{pmatrix}$$

得 $r(A) = r(\overline{A}) = 3 < 5$，故方程组有无穷多解，取 x_4, x_5 为自由未知量，得同解方程组为

$$\begin{cases} x_1 = -x_4 + 2 \\ x_2 = -3x_4 - x_5 + 1 \\ x_3 = 0 \end{cases}$$

取 $x_4 = c_1$，$x_5 = c_2$，得原方程组的通解为

$$\begin{cases} x_1 = -c_1 \\ x_2 = -3c_1 - x_2 \\ x_3 = 0 \qquad (c_1, c_2 \text{为任意常数}) \\ x_4 = c_1 \\ x_5 = c_2 \end{cases}$$

【例 4】 某工厂安排生产甲、乙两种产品，已知生产单位产品所需的设备台时数及 A，B 两种原材料的消耗见表 8.1，表右边一列是每日设备能力及原材料供应的限量（资源总量）. 该厂生产单位甲产品获利 20 元，生产单位乙产品可获利 30 元，问如何安排生产，使该厂获利最大，请列出线性规划模型.

表 8.1

	甲	乙	资源总量
设 备	1	2	8 台时
原料 A	4	2	16 kg
原料 B	1	4	12 kg

【解】 确定决策变量：设 x_1, x_2 分别为产品甲、产品乙的生产数量.

明确目标函数：获利最大，即求 $z = 20x_1 + 30x_2$ 的最大值.

所满足的约束条件：

设备限制：$x_1 + 2x_2 \leqslant 8$

原材料 A 限制：$4x_1 + 2x_2 \leqslant 16$

原材料 B 限制：$x_1 + 4x_2 \leqslant 12$

基本要求：$x_1, x_2 \geqslant 0$

用 max 代替最大值，s.t.（subject to 的简写）代替约束条件，则该模型可记为

$$\max z = 20x_1 + 30x_2$$
$$\text{s.t.} \quad x_1 \leq 8$$
$$4x_1 + 2x_2 \leq 16$$
$$x_1 + 4x_2 \leq 12$$
$$x_1, x_2 \geq 0$$

【例5】 现有 15 m 长的钢管若干,生产某产品需 4 m、5 m、7 m 长钢管各为 100 根、150 根、120 根,问如何截取才可能使原材料最省,请列出线性规划模型.

【分析】 前面两个模型的决策变量容易确定,而该模型的决策变量却不容易一下确定出来. 表 8.2 给出了所有可能的截法.

表 8.2

规格＼序号	1	2	3	4	5	6	7	无
7 m	2	1	1	0	0	0	0	0
5 m	0	1	0	3	2	1	0	
4 m	0	0	2	0	1	2	3	
余料/m	1	3	0	0	1	2	3	

由表 8.2 可知,决策变量不止一个,该模型应选取 7 个.

【解】 确定决策变量:设按第 i 种方法截需要 x_i 根原材料($i = 1, 2, \cdots, 7$).

明确目标函数:用料最省,即求 $z = x_1 + x_2 + \cdots + x_7$ 最小.

满足约束条件:
$$2x_1 + x_2 + x_3 \geq 120$$
$$x_2 + 3x_4 + 2x_5 + x_6 \geq 150$$
$$2x_3 + x_5 + 2x_6 + 3x_7 \geq 100$$
$$x_i \geq 0 \quad (i = 1, 2, \cdots, 7 \text{ 且为整数})$$

该模型可记为

$$\min z = x_1 + x_2 + x_3 + x_4 + x_5 + x_6 + x_7$$
$$\text{s.t.} \quad 2x_1 + x_2 + x_3 \geq 120$$
$$x_2 + 3x_4 + 2x_5 + x_6 \geq 150$$
$$2x_3 + x_5 + 2x_6 + 3x_7 \geq 100$$
$$x_i \geq 0 \quad (i = 1, 2, \cdots, 7 \text{ 且为整数})$$

【例6】 用图解法求解线性规划问题.
$$\max z = 2x_1 + 4x_2$$
$$\text{s.t.} \quad x_1 + x_2 \leq 6$$
$$x_1 + 2x_2 \leq 8$$
$$x_2 \leq 3$$
$$x_1, x_2 \geq 0$$

【分析】 图解法解决线性规划问题关键有三点:第一,正确地确定决策变量的可行域;第二,确定目标函数的等值线及其优化方向;第三,在可行域范围内确定最优解.

【解】 建立平面直角坐标系，确定决策变量的可行域. 如图 8.1 所示，区域 $OABCD$ 为可行域.

画出目标函数等值线，确定优化方向：

目标函数为 $z = 2x_1 + 4x_2$ 是斜率为 $-\dfrac{1}{2}$、在纵轴上的截距为 $\dfrac{z}{4}$ 的平行直线族，若取 z 为一个确定的值，如令 $z = 0$，则得到一条等值线 $0 = 2x_1 + 4x_2$，即 $x_2 = -\dfrac{1}{2}x_1$；如令 $z = 12$，则得另一条等值线 $12 = 2x_1 + 4x_2$，即 $x_2 = -\dfrac{1}{2}x_1 + 3$. 如图 8.2 所示，容易看出，沿着目标函数的法线方向向右上方平行移动，是其等值线的优化方向.

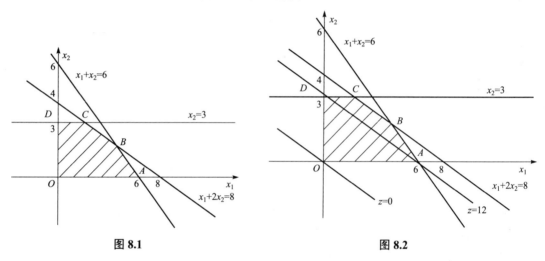

图 8.1　　　　　　　　　　图 8.2

确定最优解：

在可行域 $OABCD$ 中寻找 z 值达到最大的点，由图 8.2 容易看出，当等值线平移到 C 点时，如果继续向上移，就离开了可行域，而且此时等值线的最佳位置与可行域边界 CB 重合. 因此 C 点、B 点以及线段 CB 上所有的点，都是使目标函数达到最大值的点，是最优解.

求得 C 点坐标 $x_1 = 2, x_2 = 3$，此时 $\max z = 6$.

说明： 这是一个无穷多最优解的线性规划问题. 它的一个显著特征就是目标函数的斜率至少与某一个约束条件的斜率相同，另外，两个端点及两点的连线上的任意一点都同为该问题的最优解.

【例 7】 用单纯型法求解下列线性规划问题：

（1）$\max z = 4x_1 + 5x_2$

s.t. $\quad x_1 + x_2 \leqslant 45$

$\quad\quad 2x_1 + x_2 \leqslant 80$

$\quad\quad x_1 + 3x_2 \leqslant 90$

$\quad\quad x_1, x_2 \geqslant 0$

（2）$\max z = 5x_1 + 2x_2$

s.t. $\quad 30x_1 + 20x_2 \leqslant 160$

$\quad\quad 5x_1 + x_2 \leqslant 15$

$\quad\quad x_1 \leqslant 4$

$\quad\quad x_1, x_2 \geqslant 0$

【分析】 单纯型法求解线性规划问题的基本思路是根据线性规划解的性质，从可行域中找到一个基可行解（可行域的一个顶点）作为初始解，检验此解是否为最优解，若是最优解可结束计算，否则就转换到另一个基可行解（可行域的另一个顶点），并使目标函数得到改进然后对新解进行检验，以决定是否需要进行转换，一直到求得最优解为止.

【解】

（1）首先将三个不等式分别添加非负松弛变量（记作 x_3, x_4, x_5），使之成为等式

$$\begin{cases} x_1 + x_2 + x_3 & = 45 \\ 2x_1 + x_2 + x_4 & = 80 \\ x_1 + 3x_2 + x_5 & = 90 \\ x_1, x_2, x_3, x_4, x_5 \geqslant 0 \end{cases}$$

从而得到问题的标准型：

$$\min(-z) = -4x_1 - 5x_2 + 0x_3 + 0x_4 + 0x_5$$
$$\text{s.t.} \quad x_1 + x_2 + x_3 = 45$$
$$2x_1 + x_2 + x_4 = 80$$
$$x_1 + 3x_2 + x_5 = 90$$
$$x_1, x_2, x_3, x_4, x_5 \geqslant 0$$

写出单纯型表，见表 8.3.

表 8.3

基变量	变量系数					基变量值
	x_1	x_2	x_3	x_4	x_5	
x_3	30	20	1	0	0	160
x_4	5	1	0	1	0	15
x_5	1	0	0	0	1	4
目标函数系数	−5	−2	0	0	0	0
	x_1	x_2	x_3	x_4	x_5	
x_3	0	14	1	−6	0	70
x_1	1	$\frac{1}{5}$	0	$\frac{1}{5}$	0	3
x_5	0	$-\frac{1}{5}$	0	$-\frac{1}{5}$	1	1
目标函数系数	0	−1	0	1	0	15
	x_1	x_2	x_3	x_4	x_5	
x_2	0	1	$\frac{1}{14}$	$-\frac{3}{7}$	0	5
x_1	1	0	$-\frac{1}{70}$	$-\frac{2}{7}$	0	2
x_5	0	0	$\frac{1}{70}$	$-\frac{2}{7}$	1	2
目标函数系数	0	0	$\frac{1}{14}$	$\frac{4}{7}$	0	20

所以，当 $x_1 = \dfrac{45}{2}$，$x_2 = \dfrac{45}{2}$，$x_3 = 0$，$x_4 = \dfrac{25}{2}$，$x_5 = 0$ 时，目标函数得到最优 $\max z = \dfrac{405}{2}$.

（2）首先将三个不等式分别添加松弛变量（记作 x_3, x_4, x_5），使之成为等式

$$\begin{cases} 30x_1 + 20x_2 + x_3 & & = 160 \\ 5x_1 + x_2 & + x_4 & = 15 \\ x_1 + & x_3 & = 4 \\ x_1, & x_2, x_3, x_4, x_5 \geqslant & 0 \end{cases}$$

从而得到问题的标准型：

$$\min(-z) = 5x_1 - x_2 + 0x_3 + 0x_4 + 0x_5$$

s.t.　$30x_1 + 20x_2 + x_3 = 160$

$5x_1 + x_2 + x_4 = 15$

$x_1 + x_3 = 4$

$x_1, x_2, x_3, x_4, x_5 \geqslant 0$

写出初始单纯型表，见表 8.4.

表 8.4

基变量	变量系数					基变量值
	x_1	x_2	x_3	x_4	x_5	
x_3	1	1	1	0	0	45
x_4	2	1	0	1	0	80
x_5	1	3	0	0	1	90
目标函数系数	−4	−4	0	0	0	0
	x_1	x_2	x_3	x_4	x_5	
x_3	$\dfrac{2}{3}$	0	1	0	$-\dfrac{1}{3}$	15
x_4	$\dfrac{5}{3}$	0	0	1	$-\dfrac{1}{3}$	50
x_2	$\dfrac{1}{3}$	1	0	0	$\dfrac{1}{3}$	30
目标函数系数	$-\dfrac{3}{7}$	0	0	0	$\dfrac{5}{3}$	150
	x_1	x_2	x_3	x_4	x_5	
x_1	1	0	$\dfrac{3}{2}$	0	$-\dfrac{1}{2}$	$\dfrac{45}{2}$
x_4	0	0	$-\dfrac{5}{2}$	1	$\dfrac{1}{2}$	$\dfrac{25}{2}$
x_2	0	1	$-\dfrac{1}{2}$	0	$\dfrac{1}{2}$	$\dfrac{45}{2}$
目标函数系数	0	0	$\dfrac{7}{2}$	0	$\dfrac{1}{2}$	$\dfrac{405}{2}$

所以，$x_1=2$, $x_2=5$, $x_3=0$, $x_4=0$, $x_5=2$ 时，目标函数得到最优解，max $z=20$.

【例8】 用图解法求解线性规划问题.

$$\max z=3x_1+4x_2$$

$$\text{s.t.}\quad 2x_1+x_2\leqslant 40$$

$$x_1+1.5x_2\leqslant 30$$

$$x_1, x_2\geqslant 0$$

【解】 确定决策变量的可行域，如图 8.3 所示，区域 $OABC$ 为可行域.

画出目标函数等值线，确定优化方向：

目标函数为 $z=3x_1+4x_2$ 是斜率为 $-\dfrac{3}{4}$，在纵轴上的截距为 $\dfrac{z}{4}$ 的平行直线族，若取 z 为一个确定的值，如令 $z=0$，则得到一条等值线 $0=3x_1+4x_2$，即 $x_2=-\dfrac{3}{4}x_1$；如令 $z=12$，则得到另一条等值线 $12=3x_1+4x_2$，即 $x_2=-\dfrac{3}{4}x_1+3$. 如图 8.4 所示，容易看出，沿着目标函数的法线方向向右上方平行移动，是其等值线的优化方向.

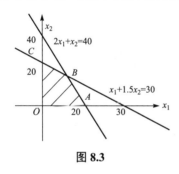

图 8.3

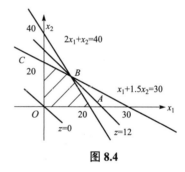

图 8.4

确定最优解：

在可行域 $OABC$ 中寻找 z 值达到最大的点，由图 8.4 容易看出，当等值线平移到 B 点时，如果继续向上移，就离开了可行域，因此 B 点是使目标函数值达到最大的点，是最优解.

求得 B 点坐标 $x_1=15$, $x_2=10$，此时 max $z=85$.

四、复习题八

1．填空题

（1）已知线性方程组 $\boldsymbol{AX}=\boldsymbol{B}$，$\boldsymbol{B}$ 为非零列矩阵，则此方程组称为_____．

（2）已知线性方程组 $\boldsymbol{AX}=\boldsymbol{0}$，$\boldsymbol{0}$ 为零列矩阵，则此方程组称为_____．

（3）方程组 $\begin{cases} ax_1+x_2=0 \\ x_2+x_3=0 \\ 2x_1+x_3=0 \end{cases}$ 有非零解，则 $a=$_____．

2．选择题

（1）设 $\boldsymbol{AX}=\boldsymbol{0}$ 是非齐次线性方程组 $\boldsymbol{AX}=\boldsymbol{b}$ 对应的齐次线性方程组，则（　　）．

　　A．若 $\boldsymbol{AX}=\boldsymbol{b}$ 有无穷多解，则 $\boldsymbol{AX}=\boldsymbol{0}$ 仅有零解

    B. 若 $AX=b$ 有唯一解，则 $AX=0$ 仅有零解

    C. 若 $AX=b$ 有非零解，则 $AX=0$ 有无穷多解

    D. 若 $AX=b$ 仅有零解，则 $AX=0$ 有唯一解

（2）设 A 为 n 阶方阵，$r(A)=r$，方程组 $AX=0$ 有非零解，则（　　　）.

    A. $r=n$　　　　　　B. $|A|\neq0$　　　　　　C. $r<n$　　　　　　D. $r>n$

3. 判断题

（1）若可行域为无界区域，则表明不存在最优解.（　　　）

（2）若线性规划问题存在最优解，则最优解一定对应可行域边界上的一个点.（　　　）

（3）线性规划问题有且仅有有限个最优解.（　　　）

（4）图形解同单纯型法虽然求解的形式不同，但从几何上理解，两者是一致的.（　　　）

4. 求解下列齐次线性方程组：

（1）$\begin{cases} x_1 + x_2 - 3x_3 = 0 \\ 2x_1 + 5x_2 + 2x_3 = 0 \\ 3x_1 - x_2 - 4x_3 = 0 \end{cases}$；
　　　　（2）$\begin{cases} 2x_1 - x_2 + x_3 - x_4 = 0 \\ 2x_1 - x_2 - 3x_4 = 0 \\ x_2 + 3x_3 - 6x_4 = 0 \\ 2x_1 - 2x_2 - 2x_3 + 5x_4 = 0 \end{cases}$.

5. 当 a,b 为何值时，方程组 $\begin{cases} x_1 + x_2 - 2x_3 + 3x_4 = 0 \\ 2x_1 + x_2 - 6x_3 + 4x_4 = -1 \\ 3x_1 + 2x_2 + ax_3 + 7x_4 = -1 \\ x_1 - x_2 - 6x_3 - x_4 = b \end{cases}$ 有无穷多解，并求出通解.

列出 6、7 两题的数学模型.

6. 某工厂计划生产甲、乙两种产品，需要 A、B 两种原材料. 已知 A、B 两种原材料的总量，每单位产品所需要材料的数量以及每单位产品的利润由表 8.5 给出，问怎么安排生产可获得最大利润？

表 8.5

	甲	乙	现有资源
A/m	5	4	360
B/m	2	3	300
利润/（元/件）	40	30	

7. 生产某种汽车需要甲、乙两种轴各一根，规格分别为 1.5 m、1 m. 材料圆钢长 4 m，现要造这种汽车 1 000 辆，至少需多少根圆钢？

8. 用图解法求解下列线性规划问题：

（1）　　　　　$\min z = 6x_1 + 4x_2$

      s.t.　$2x_1 + x_2 \geq 1$

          $3x_1 + 4x_2 \geq 1.5$

          $x_1, x_2 \geq 0$

（2）　　　　　$\max z = 4x_1 + 8x_2$

      s.t.　$2x_1 + 2x_2 \leq 10$

          $-x_1 + x_2 \leq 8$

          $x_1, x_2 \geq 0$

（3）　　　　　$\max z = 3x_1 + 9x_2$

      s.t.　$x_1 + 3x_2 \leq 22$

          $x_2 \leq 6$

$$2x_1 - 5x_2 \leqslant 0$$
$$x_1, x_2 \geqslant 0$$

9．用单纯型法求解下列线性规划问题：

（1）　　　　$\max z = 10x_1 + 5x_2$　　　　（2）　　　　$\max z = 100x_1 + 200x_2$

　　　　s.t.　$3x_1 + 4x_2 \leqslant 9$　　　　　　　　s.t.　$x_1 + x_2 \leqslant 500$

　　　　　　$5x_1 + 2x_2 \leqslant 8$　　　　　　　　　　$x_1 + 3x_2 \leqslant 600$

　　　　　　$x_1, x_2 \geqslant 0$　　　　　　　　　　　$x_1, x_2 \geqslant 0$

五、复习题八答案

1．（1）非齐次线性方程组　　（2）齐次线性方程组　　（3）-2

2．（1）B　　（2）C

3．（1）错误（2）正确（3）错误（4）正确

4．（1）$x_1 = x_2 = x_3 = 0$

（2）$\begin{cases} x_1 = \dfrac{15}{2}c \\ x_2 = 13c \quad （c \text{ 为任意常数}） \\ x_3 = -2c \\ x_4 = c \end{cases}$

5．当 $a \in \mathbf{R}, b = -2$ 时，有无穷多解，通解为

$a = -8$，$\begin{cases} x_1 = -1 + 3c_1 - 2c_2 \\ x_2 = 1 - c_1 - c_2 \\ x_3 = c_1 \\ x_4 = c_2 \end{cases}$ 　（c_1, c_2 为任意常数）

$a \neq -8$，$\begin{cases} x_1 = -1 - 2c \\ x_2 = 1 - c \\ x_3 = 0 \\ x_4 = c \end{cases}$ 　（c 为任意常数）

6．设生产甲、乙两种产品的产量分别为 x_1, x_2 个单位，数学模型为

$$\max z = 40x_1 + 30x_2$$

　　　　s.t.　$4x_1 + 5x_2 \leqslant 360$

　　　　　　$2x_1 + 3x_2 \leqslant 300$

　　　　　　$x_1, x_2 \geqslant 0$

7．设 x_1, x_2, x_3 为下列方案所得圆钢的根数，所有方案由表 8.6 给出.

表 8.6

方案	1	2	3	无
甲	2	1	0	
乙	1	2	4	
余料	0	0.5	0	

此线性规划问题的数学模型为

$$\min z = x_1 + x_2 + x_3$$

$$\text{s.t.} \quad 2x_1 + x_3 \geq 1\,000$$

$$x_1 + 3x_2 + 4x_3 \geq 1\,000$$

$$x_1, x_2, x_3 \geq 0$$

8．（1）$X = \left(\dfrac{1}{2}, 0\right)$, $z = 3$；

（2）无可行解；

（3）无穷多最优解，$z = 66$.

9．（1）$X = \left(1, \dfrac{2}{3}\right)$, $z = \dfrac{55}{2}$；

（2）$X = (450, 50)$, $z = 55\,000$.

六、自 测 题 八

（总分 100 分，时间 100 分钟）

1．选择题（每小题 4 分，共 8 分）

（1）齐次线性方程组 $AX = 0$ 解的情况可能是（　　）.

1）只有零解　2）只有有限个非零解　3）有无穷多解　4）无解

A．1），2）　　　　　　　　B．1），3）

C．1），2），3），4）　　　　D．2），3），4）

（2）非齐次线性方程组 $AX = b$ 解的情况可能是（　　）.

1）只有唯一解　2）只有有限个(非唯一)解　3）有无穷多解　4）无解

A．1），2）　　　　　　　　B．1），3），4）

C．1），2），3），4）　　　　D．2），3），4）

2．判断题（每小题 2 分，共 8 分）

（1）非齐次线性方程组 $AX = b$，当 $r(\overline{A}) = r(A)$ 时一定有解.（　　）

（2）齐次线性方程组的零解必是唯一解.（　　）

（3）线性规划问题的最优解一定在可行区域顶点达到.（　　）

（4）如果线性规划问题有两个不同的最优解，那它有无穷多个最优解.（　　）

3．填空题（每空 2 分，共 12 分）

（1）线性规划数学模型一般形式的特点：_____、_____、_____.

（2）线性规划问题 (LP) $\begin{cases} \max z = Cx \\ AX = b \\ x \geq 0 \end{cases}$ 对于基 B 如果满足_____和_____，则对应于基 B

的基本解便是最优解，称为_____.

4．什么是线性规划问题的可行解、最优解？它们之间有何关系？（4 分）

5．解方程组（8 分）

$$\begin{cases} x_1 - 2x_2 & + 3x_4 = 0 \\ 2x_1 + 5x_2 & + 4x_4 = -7 \\ -x_1 - x_2 + x_3 & = 1 \\ x_2 + 7x_3 + 5x_4 = 1 \end{cases}$$

6. 当 a 取什么值时，下列齐次线性方程组有非零解？（8 分）

$$\begin{cases} (a+2)x_1 + 4x_2 + x_3 = 0 \\ -4x_1 + (a-3)x_2 + 4x_3 = 0 \\ -x_1 + x_2 + (a+4)x_3 = 0 \end{cases}$$

7. 将线性规划问题化为标准式，并用单纯型法求最优解（12 分）

$$\max z = 10x_1 + 8x_2$$

$$\text{s.t.} \quad 4x_1 + 2x_2 \leqslant 80$$

$$2x_1 + 4x_2 \leqslant 100$$

$$x_1, x_2 \geqslant 0$$

8. 用图解法求解下列线性规划问题（每小题 8 分，共 16 分）

（1）　　　　$\max z = x_1 + x_2$　　　　　（2）　　　　$\max z = 10x_1 + 6x_2$

s.t. $5x_1 + 10x_2 \leqslant 50$ 　　　　　　s.t. $x_1 + x_2 \geqslant 1$

$x_1 + x_2 \geqslant 1$ 　　　　　　　　　　$7x_1 + 9x_2 \geqslant 1$

$x_2 \leqslant 4$ 　　　　　　　　　　　　　$x_1 \leqslant 6$

$x_1, x_2 \geqslant 0$ 　　　　　　　　　　　$x_2 \leqslant 5$

　　　　　　　　　　　　　　　　　　　　$x_1, x_2 \geqslant 0$

9. 讨论 λ 为什么值时，线性方程组

$$\begin{cases} x_1 + \lambda x_2 + x_3 = 1 \\ \lambda x_1 + x_2 + x_3 = \lambda \\ x_1 + x_2 + \lambda x_3 = \lambda^2 \end{cases}$$

（1）没有解；（2）有唯一解；（3）有无穷多个解. （8 分）

10. 求齐次线性方程组的通解（8 分）

$$\begin{cases} x_1 + 2x_2 + 4x_3 - 3x_4 = 0 \\ 3x_1 + 5x_2 + 6x_3 - 4x_4 = 0 \\ 4x_1 + 5x_2 - 2x_3 + 3x_4 = 0 \\ 3x_1 + 8x_2 + 24x_3 - 19x_4 = 0 \end{cases}$$

11. 求方程组的一般解（8 分）

$$\begin{cases} x_1 + 2x_2 + x_3 - 3x_4 + 2x_5 = 1 \\ 2x_1 + x_2 + x_3 + x_4 - 3x_5 = 6 \\ x_1 + x_2 + 2x_3 + 12x_4 - 2x_5 = 2 \\ 2x_1 + 3x_2 - 5x_3 - 17x_4 + 10x_5 = 5 \end{cases}$$

七、自测题八答案

1.（1）B　（2）B

2.（1）正确　（2）错误　（3）错误　（4）正确

3.（1）目标函数是决策变量的线性函数、约束条件是线性不等式或线性等式、所有决策变量都非负

（2）$B + b \geq 0$、$B^{-1}A - C \geq 0$、基本最优解

4. 略

5. $x_1 = 1, x_2 = -1, x_3 = 1, x_4 = -1$

6. $a = -3$

7. $x_1 = 10, x_2 = 20, x_3 = x_4 = 0$

8. 略

9.（1）当 $\lambda = -2$ 时，方程组无解

（2）当 $\lambda \neq 1$ 且 $\lambda \neq -2$ 时，方程组有唯一解

（3）当 $\lambda = 1$ 时，方程组有无穷多个解

10. $\begin{cases} x_1 = 8c_1 - 7c_2 \\ x_2 = -6c_1 + 5c_2 \\ x_3 = c_1 \\ x_4 = c_2 \end{cases}$ （c_1, c_2 为任意常数）

11. $\begin{cases} x_1 = \dfrac{15}{4} - c_1 + \dfrac{9}{4}c_2 \\ x_2 = -\dfrac{5}{4} + 3c_1 - \dfrac{1}{4}c_2 \\ x_3 = -\dfrac{1}{4} - 2c_1 + \dfrac{5}{4}c_2 \\ x_4 = c_1 \\ x_5 = c_2 \end{cases}$ （c_1, c_2 为任意常数）

电子商务专业专升本模拟试卷

高等数学（50 分）

一、选择题（共 10 分，每小题 2 分）

1. $f(x)$ 在 $[a,b]$ 上连续是 $f(x)$ 在 $[a,b]$ 上有界的（　　）条件.

   A. 充分　　　　　B. 必要　　　　　C. 充要　　　　　D. 非充分也非必要

2. 当 $x \to 0^+$ 时，（　　）与 x 是等价无穷小量.

   A. $\dfrac{\sin x}{\sqrt{x}}$　　　　B. $\ln(1+x)$　　　C. $x^2(x+1)$　　　D. $\sqrt{1+x}-1$

3. 函数在 $x=0$ 的某邻域内连续，且 $\lim\limits_{x \to 0} \dfrac{f(x)-x}{x^2}=1$，则（　　）.

   A. $x=0$ 不是 $f(x)$ 的极值点　　　　　　B. $x=0$ 是 $f(x)$ 的极大值点

   C. $x=0$ 是 $f(x)$ 的极小值点　　　　　　D. $x=0$ 是 $f(x)$ 的拐点

4. 设 $f(x)$ 在 $x=a$ 的某邻域内连续且 $f(a)$ 为其极大值，则存在 $\delta > 0$，当 $x \in (a-\delta, a+\delta)$ 时，必有（　　）.

   A. $(x-a)[f(x)-f(a)] \geqslant 0$　　　　　　B. $(x-a)[f(x)-f(a)] \leqslant 0$

   C. $\lim\limits_{t \to a} \dfrac{f(t)-f(x)}{(t-x)^2} \leqslant 0 \, (x \neq a)$　　　　D. $\lim\limits_{t \to a} \dfrac{f(t)-f(x)}{(t-x)^2} \geqslant 0 \, (x \neq a)$

5. 设 $f(x)$、$g(x)$ 在 $[a,b]$ 上连续，有（　　）.

   A. 若 $\displaystyle\int_a^b f(x)\mathrm{d}x = 0$，则在 $[a,b]$ 上 $f(x)=0$

   B. 若 $\displaystyle\int_a^b f(x)\mathrm{d}x = \int_a^b g(x)\mathrm{d}x$，则在 $[a,b]$ 上 $f(x)=g(x)$

   C. 若 $a < c < d < b$，则 $\displaystyle\int_a^b f(x)\mathrm{d}x \leqslant \int_a^b g(x)\mathrm{d}x$

   D. 若 $f(x) \leqslant g(x)$，则 $\displaystyle\int_a^b f(x)\mathrm{d}x \leqslant \int_a^b g(x)\mathrm{d}x$

二、填空题（共 8 分，每小题 2 分）

1. 设 $x_n = \begin{cases} \dfrac{n^2+\sqrt{n}}{n}, & n\text{为奇数} \\ \dfrac{1}{n}, & n\text{为偶数} \end{cases}$，则当 $n\to\infty$ 时，x_n 是_____变量.

2. $\lim\limits_{x\to\infty}\left(\dfrac{x^2+1}{x+1}-x+b\right)=1$，则 $b=$_____.

3. 函数 $f(x)=x^a(a\neq 0)$ 的弹性函数为 $g(x)=$_____.

4. 比较大小：$\int_1^2 \ln x\,\mathrm{d}x$ _____ $\int_1^2 (\ln x)^2\,\mathrm{d}x$.

三、计算题（共 24 分，每小题 4 分）

1. $\lim\limits_{x\to 1}\left(\dfrac{x}{x-1}-\dfrac{2}{x^2-1}\right)$；

2. $\lim\limits_{x\to\infty}\dfrac{5x-\sin x}{x+\sin x}$；

3. 分析 $f(x)=\begin{cases} \dfrac{x}{1+\mathrm{e}^{\frac{1}{x}}}, & x\neq 0 \\ 0, & x=0 \end{cases}$ 在 $x=0$ 处的可导性；

4. 设 $f(t)=\lim\limits_{x\to\infty}t\left(1+\dfrac{1}{x}\right)^{2+x}$，求 $\mathrm{d}f(t)$；

5. 求 $\displaystyle\int \dfrac{\mathrm{d}x}{\mathrm{e}^x+\mathrm{e}^{-x}}$；

6. 求 $\displaystyle\int_0^{\frac{\pi}{4}} x\sin 2x\,\mathrm{d}x$.

四、应用题（共 8 分）

已知某厂生产 x 件产品的成本为 $C(x)=25\,000+200x+\dfrac{1}{40}x^2$，问：

（1）若使平均成本最小，应生产多少件产品？

（2）若产品每件 500 元售出，要使利润最大，应生产多少件？

电子商务专业专升本模拟试卷参考答案

一、选择题

1. A   2. B   3. A   4. C   5. D

二、填空题

1. 发散   2. $b=2$ 3. a 4. >

三、计算题

1. **解** $\lim\limits_{x\to 1}\left(\dfrac{x}{x-1}-\dfrac{2}{x^2-1}\right)=\lim\limits_{x\to 1}\dfrac{x(x+1)-2}{(x-1)(x+1)}$

$$= \lim_{x \to 1} \frac{x^2 + x - 2}{x^2 - 1} = \lim_{x \to 1} \frac{x + 2}{x + 1} = \frac{3}{2}$$

$$= \lim_{x \to 1} \frac{(x + 2)(x - 1)}{(x - 1)(x + 1)}$$

2. 解 $\lim\limits_{x \to \infty} \dfrac{5x - \sin x}{x + \sin x} = \lim\limits_{x \to \infty} \dfrac{5 - \dfrac{\sin x}{x}}{1 + \dfrac{\sin x}{x}} = \dfrac{5}{1} = 5$

3. 解 $f(x) = \begin{cases} \dfrac{x}{1 + e^x}, & x \neq 0 \\ 0, & x = 0 \end{cases}$

$$f'_-(0) = \lim_{x \to 0^-} \frac{\dfrac{x}{1 + e^x} - 0}{x - 0} = 1 , \quad f'_+(0) = \lim_{x \to 0^+} \frac{\dfrac{x}{1 + e^x} - 0}{x - 0} = 0$$

因为 $f'_-(0) \neq f'_+(0)$ ，所以 $f(x)$ 在 $x = 0$ 处不可导.

4. 解 $f(t) = \lim\limits_{x \to \infty} t\left(1 + \dfrac{1}{x}\right)^{2+x} = t \lim\limits_{x \to \infty}\left(1 + \dfrac{1}{x}\right)^2 \cdot \lim\limits_{x \to \infty}\left(1 + \dfrac{1}{x}\right)^x = et$

$\mathrm{d}f(t) = (et)'\mathrm{d}t = e\mathrm{d}t$

5. 解 $\displaystyle\int \frac{\mathrm{d}x}{e^x + e^{-x}}\mathrm{d}x = \int \frac{\mathrm{d}x}{e^x + \dfrac{1}{e^x}}\mathrm{d}x$

$$= \int \frac{1}{1 + e^{2x}}\mathrm{d}x = \int \frac{1}{1 + e^{2x}}\mathrm{d}e^x$$

$$= \arctan e^x + c$$

6. 解 $\displaystyle\int_0^{\frac{\pi}{4}} x \sin 2x \mathrm{d}x = -\frac{1}{2}\int_0^{\frac{\pi}{4}} x \mathrm{d}(\cos 2x)$

$$= -\frac{1}{2}\left(x \cos 2x \Big|_0^{\frac{\pi}{4}} - \int_0^{\frac{\pi}{4}} \cos 2x \mathrm{d}x\right)$$

$$= -\frac{1}{2}\left(\frac{\pi}{4} \cos \frac{\pi}{2} - 0 - \frac{1}{2}\int_0^{\frac{\pi}{4}} \cos 2x \mathrm{d}2x\right)$$

$$= -\frac{1}{4} \sin 2x \Big|_0^{\frac{\pi}{4}} = -\frac{1}{4} \sin \frac{\pi}{2} = -\frac{1}{4}$$

四、应用题

解 由 $C = 25\,000 + 200x + \dfrac{1}{40}x$ 得平均成本.

（1） $\overline{C} = \dfrac{C(x)}{x} = \dfrac{25\,000}{x} + 200 + \dfrac{1}{40}x$

由 $\overline{C}' = -\dfrac{25\,000}{x^2} + \dfrac{1}{40} = 0$，得 $x = \pm 1\,000$，由题意知应将 $x = -1\,000$ 舍去. 又因为 $\overline{C}''(x) = \dfrac{5\,000}{x^3}$，

而 $\overline{C}''(1\,000) > 0$，所以当 $x = 1\,000$ 时，$\overline{C}(x)$ 取极小值. 由于是唯一的极小值，因此也是最小值. 故生产 $1\,000$ 件产品时，可使平均成本最小.

（2）收入函数 $R(x)=500x$，因此利润函数为

$$L(x)=R(x)-C(x)=500x-\left(25\,000+200x+\frac{x^2}{40}\right)=-25\,000+300x-\frac{x^2}{40}$$

由 $L'(x)=300-\dfrac{x}{20}=0$，得 $x=6\,000$；又 $L''(x)=-\dfrac{1}{20}<0$，所以 $x=6\,000$ 时，$L(x)$ 取极大值，由于是唯一的极大值，因此也是最大值.

工商管理专业专升本模拟试卷

高等数学（50分）

一、选择题（12分，每题2分）

1. 下列各函数对中，（　　）中的两个函数是相等的.

   A. $f(x)=\dfrac{x^2-1}{x-1}$，$g(x)=x+1$　　　　B. $f(x)=\sqrt{x^2}$，$g(x)=x$

   C. $f(x)=\ln x^2$，$g(x)=2\ln x$　　　　D. $f(x)=\sin^2 x+\cos^2 x$，$g(x)=1$

2. 曲线 $y=\sin x$ 在点 $(\pi,0)$ 处的切线斜率是（　　）.

   A. 1　　　　　　B. 2　　　　　　C. $\dfrac{1}{2}$　　　　　　D. -1

3. 下列无穷积分中收敛的是（　　）.

   A. $\displaystyle\int_1^{+\infty} e^x dx$　　B. $\displaystyle\int_1^{+\infty}\dfrac{1}{x^2}dx$　　C. $\displaystyle\int_1^{+\infty}\dfrac{1}{\sqrt[3]{x}}dx$　　D. $\displaystyle\int_1^{+\infty}\dfrac{1}{x}dx$

4. 下列函数在区间 $(-\infty,+\infty)$ 上单调减少的是（　　）.

   A. $\sin x$　　　　B. 2^x　　　　C. x^2　　　　D. $3-x$

5. 下列函数在区间 $(-\infty,+\infty)$ 上单调减少的是（　　）.

   A. $\cos x$　　　　B. $2-x$　　　　C. 2^x　　　　D. x^2

6. 下列等式中正确的是（　　）.

   A. $\sin x dx=d(\cos x)$　　　　　　B. $\ln x dx=d\left(\dfrac{1}{x}\right)$

   C. $a^x dx=\dfrac{1}{\ln a}d(a^x)$　　　　　　D. $\dfrac{1}{\sqrt{x}}dx=d(\sqrt{x})$

二、填空题（6分，每题2分）

1. 函数 $y=(x-2)^3$ 的驻点是＿＿＿＿＿＿＿.

2. 若函数 $f(x+1)=x^2+2x-3$，则 $f(x)=$＿＿＿＿＿＿＿＿.

3. 设需求量 q 对价格 p 的函数为 $q(p)=100e^{-\frac{p}{2}}$，则需求弹性为 $E_p=$＿＿＿＿＿＿＿＿.

三、求解下列各题（20分，每题5分）

1. 求 $y=\dfrac{2x}{\sqrt{2+x}}+\ln(1+x)$ 的定义域.

2. 求 $\lim\limits_{x\to 0}\dfrac{1-\cos x}{x^2}$.

3. 已知 $y=2^x\sin x^2$，求 y'.

4. 已知 $y=x^{\sin x}$，求 y'.

四、计算题（共 6 分）

计算抛物线 $y^2 = 2x$ 与直线 $y = x - 4$ 所围成的图像的面积.

五、证明题（6 分）

证明：椭圆 $\dfrac{x^2}{a^2} + \dfrac{y^2}{b^2} = 1$ 的面积为 πab.

工商管理专业专升本模拟试卷参考答案

一、选择题

1. D   2. D   3. B   4. D   5. B   6. C

二、填空题

1. $x = 2$ 2. $f(x) = x^2 - 4$ 3. $-\dfrac{1}{2}p$

三、求解下列各题

1. **解** 要使函数有意义，则需满足

$$\begin{cases} 2 + x > 0 \\ 1 + x > 0 \end{cases}$$

解得 $x > -1$. 所以函数的定义域是 $\{x \mid x > -1\}$，或写为 $(-1, +\infty)$.

2. **解** $\displaystyle\lim_{x \to 0} \frac{1 - \cos x}{x^2} = \lim_{x \to 0} \frac{\sin x}{2x} = \lim_{x \to 0} \frac{\cos x}{2} = \frac{1}{2}$

3. **解** $y' = (2^x \sin x^2)' = 2^x \ln 2 \cdot \sin x^2 + 2^x \cos x^2 \cdot 2x$

$\qquad = 2^x (\ln 2 \sin x^2 + 2x \cos x^2)$

4. **解** 方程两边同时取自然对数：$\ln y = \sin x \ln x$

方程两边同时对 x 求导：$\dfrac{1}{y} y' = \cos x \ln x + \dfrac{1}{x} \sin x$

所以

$$y' = x^{\sin x}\left(\cos x \ln x + \frac{\sin x}{x}\right)$$

四、计算题

解 求交点 $\begin{cases} y^2 = 2x \\ y = x - 4 \end{cases}$，得 $(2, -2)$，$(8, 4)$.

以 y 为积分变量，则所围平面图形的面积为

$$S = \int_{-2}^{4}\left(4 + y - \frac{y^2}{2}\right)\mathrm{d}y = \left(4y + \frac{y^2}{2} - \frac{y^3}{6}\right)\Bigg|_{-2}^{4} = 30 - 12 = 18$$

五、证明题

证明　设椭圆 $\dfrac{x^2}{a^2}+\dfrac{y^2}{b^2}=1$ 的面积为 $4A$，则 $A=\displaystyle\int_0^a \dfrac{b}{a}\sqrt{a^2-x^2}\,\mathrm{d}x$．

令 $x=a\sin t$，则 $\mathrm{d}x=a\cos t\,\mathrm{d}t$．当 $x=0$ 时，$t=0$，当 $x=a$ 时，$t=\dfrac{\pi}{2}$，则

$$A=\int_0^{\frac{\pi}{2}}\frac{b}{a}\cdot a\cos t\cdot a\cos t\,\mathrm{d}t=ab\int_0^{\frac{\pi}{2}}\cos^2 t\,\mathrm{d}t=ab\int_0^{\frac{\pi}{2}}\frac{1+\cos 2t}{2}\,\mathrm{d}t$$

$$=\frac{ab}{2}\left(t+\frac{1}{2}\sin 2t\right)\Bigg|_0^{\frac{\pi}{2}}=\frac{\pi ab}{4}$$

故 $4A=\pi ab$，得证.

国际经济与贸易专业专升本模拟试卷

高等数学（50分）

一、**选择题**（本大题共 10 小题，每小题 1 分，共 10 分. 在每小题给出的四个备选项中，选出一个正确答案，并将所选项前的字母填写在相应题目的括号内，填写在其他位置上无效）

1. 设函数 $f(x) = \dfrac{1}{1-x}$，则 $f[f(x)] = $（ ）.

   A. $\dfrac{1}{(1-x)^2}$ B. $\dfrac{1}{x}$ C. $1 - \dfrac{1}{x}$ D. $1-x$

2. 当 $x \to 0$ 时，与 $x + x^3$ 等价的无穷小量为（ ）.

   A. x^{-1} B. 1 C. x D. x^2

3. $\lim\limits_{x \to 0} \dfrac{\sin 5x}{\sin kx} = \dfrac{5}{6}$，则 $k = $（ ）.

   A. 5 B. $\dfrac{5}{6}$ C. $\dfrac{6}{5}$ D. 6

4. 曲线 $y = x^2 + x$ 在点 $(1,2)$ 处的切线斜率为（ ）.

   A. -3 B. 2 C. 3 D. 5

5. 已知函数 $f(x) = (x-1)(x-2)(x-3)$，则方程 $f'(x) = 0$ 有（ ）个实根.

   A. 0 B. 1 C. 3 D. 2

6. 设函数 $f(x)$ 的一个原函数为 $\dfrac{1}{x}$，则 $f'(x) = $（ ）.

   A. $-\dfrac{1}{x^2}$ B. $\dfrac{2}{x^3}$ C. $\dfrac{1}{x}$ D. $\ln|x|$

7. $\displaystyle\int_{-1}^{1} |x|\,\mathrm{d}x = $（ ）.

   A. 0 B. $\dfrac{1}{2}$ C. $\dfrac{3}{2}$ D. 1

8. 函数 $z = x^3 + \dfrac{x}{y} - y^2$ 在 $(1,2)$ 处对 y 的偏导数为（ ）.

   A. $\dfrac{7}{2}$ B. $-\dfrac{17}{4}$ C. 1 D. -2

9. 下列级数中收敛的级数是（ ）.

   A. $\displaystyle\sum_{n=1}^{\infty} \dfrac{1}{3^n}$ B. $\displaystyle\sum_{n=1}^{\infty} \dfrac{1}{n+1}$ C. $\displaystyle\sum_{n=1}^{\infty} \dfrac{3^n}{2^n}$ D. $\displaystyle\sum_{n=1}^{\infty} \dfrac{1}{\sqrt{n+1}}$

10. 微分方程 $\dfrac{\mathrm{d}y}{y} + \dfrac{\mathrm{d}x}{x} = 0$ 的通解为（ ）.

A. $x^2 + y^2 = C$ B. $y = 2e^{2x} + C$ C. $y = e^{2x} + C$ D. $x^2 - y^2 = C$

二、填空题（本大题共 10 分，每小题 1 分，共 10 分. 将答案填写在相应题目的横线位置上，填写在其他位置上无效）

1. 函数 $y = \sqrt{5-x} + \lg(x-1)$ 的定义域为_____.

2. $\lim\limits_{x \to 2} \dfrac{\sin(x^2 - 4)}{x - 2} = $_____.

3. $\lim\limits_{x \to \infty} \left(1 - \dfrac{2}{x}\right)^{x+1} = $_____.

4. 设 $f(x) = \begin{cases} x\sin\dfrac{1}{x}, & x > 0 \\ a + x^2, & x \leqslant 0 \end{cases}$，当 $a = $_____时，$f(x)$ 在 $(-\infty, +\infty)$ 内连续.

5. 已知 $f(x) = \sqrt{1+x}$，则 $f(3) + xf'(3) = $_____.

6. 函数 $y = \sqrt{x-1} + x$ 在 $[5, 10]$ 上满足拉格朗日中值公式的点 ξ 等于_____.

7. 设函数 $y = 2x^2 + ax + 3$ 在点 $x = 1$ 处取得极小值，则 $a = $_____.

8. 设 $f(x) = \begin{cases} 2x, & 0 \leqslant x \leqslant 1 \\ 1, & 1 \leqslant x \leqslant 4 \end{cases}$，则 $\displaystyle\int_0^4 f(x)\,\mathrm{d}x = $_____.

9. 若级数 $\displaystyle\sum_{n=1}^{\infty} u_n$ 收敛，则 $\lim\limits_{n \to \infty} u_n = $_____.

10. 已知 $f(x) = x(x+1)(x+2)\cdots(x+100)$，则 $f'(0) = $_____.

三、计算题（共 7 小题，共 30 分）

1. （4 分）求积分 $\displaystyle\int_0^1 e^{\sqrt{x}}\,\mathrm{d}x$.

2. （4 分）有一个面积为 $8\,\mathrm{cm} \times 5\,\mathrm{cm}$ 的长方形厚纸，在它的四角各减去相同的小正方形，把四边折起成一个无盖盒子，要使纸盒的容积最大，问剪去的小正方形的边长应为多少？

3. （4 分）求微分方程 $xy' + y = xe^x$ 满足 $y|_{x=1} = 1$ 的特解.

4. （4 分）求极限 $\lim\limits_{x \to 0} \dfrac{e^{x^2} - 1 - x^2}{x^2(e^{x^2} - 1)}$.

5. （4 分）由抛物线 $y = x^2$ 与直线 $y = x$ 和 $y = ax$ 所围成的平面图形面积 $S = \dfrac{7}{6}$，求 a 的值（$a > 1$）.

6. （5 分）设二元函数 $z = \arctan\dfrac{y}{x}$，求全微分 $\mathrm{d}z|_{(1,1)}$.

7. （5 分）已知 $f(x)$ 的一个原函数为 $\dfrac{\sin x}{1 + x\sin x}$，求 $\displaystyle\int f(x)f'(x)\,\mathrm{d}x$.

国际经济与贸易专业专升本模拟试卷参考答案

一、选择题

1. C   2. C   3. D   4. C   5. D   6. B   7. D   8. B   9. A   10. A

二、填空题

1. $(1,5]$ 2. 4 3. e^{-2} 4. 0 5. $2+\dfrac{x}{4}$

6. $\dfrac{29}{4}$ 7. -4 8. 4 9. 0 10. $100!$

三、计算题

1. 解　令 $\sqrt{x}=t$，则 $x=t^2$，$dx=2tdt$，又 $x=0$ 时，$t=0$，$x=1$ 时，$t=1$，故

$$原式=\int_0^1 2te^t dt=2\int_0^1 tde^t=2\left(te^t\bigg|_0^1-\int_0^1 e^t dt\right)=2\left(e-e^t\bigg|_0^1\right)=2$$

2. 解　设剪去的小正方形的边长为 x cm（$x<5$），纸盒容积为 V，则

$$V=x(8-2x)(5-2x)=4x^3-26x^2+40x，\quad V'=12x^2-52x+40$$

令 $V'=0$，得驻点 $x_1=1$，$x_2=\dfrac{10}{3}$．又因为 $V''=24x-52$，$V''(1)=-28<0$，$V''\left(\dfrac{10}{3}\right)=28>0$，

故当 $x_1=1$ 时 V 取得极大值，此时纸盒容积最大，剪去的小正方形的边长应为 1cm.

3. 解　首先将微分方程 $xy'+y=xe^x$ 化为 $y'+\dfrac{1}{x}y=e^x$，为一阶线性微分方程，$P(x)=\dfrac{1}{x}$，

$Q(x)=e^x$，则方程的通解为

$$y=e^{-\int P(x)\,dx}\left(\int Q(x)e^{\int P(x)\,dx}\,dx+c\right)=e^{-\int \frac{1}{x}dx}\left(\int e^x e^{\int \frac{1}{x}dx}\,dx+c\right)$$

$$=e^{-\ln x}\left(\int e^x e^{\ln x}\,dx+c\right)=\frac{1}{x}\left(\int xe^x\,dx+c\right)=\frac{1}{x}\left(\int xde^x+c\right)$$

$$=\frac{1}{x}\left(xe^x-\int e^x\,dx+c\right)=\frac{1}{x}\left(xe^x-e^x+c\right)=e^x-\frac{1}{x}e^x+\frac{c}{x}$$

将 $y|_{x=1}=1$ 代入通解中，$e-e+c=1$，得 $c=1$.

故原方程的特解为 $y=e^x-\dfrac{1}{x}e^x+\dfrac{1}{x}$.

4. 解　$\displaystyle\lim_{x\to 0}\frac{e^{x^2}-1-x^2}{x^2(e^{x^2}-1)}=\lim_{x\to 0}\frac{e^{x^2}\cdot 2x-2x}{2x(e^{x^2}-1)+x^2e^{x^2}\cdot 2x}=\lim_{x\to 0}\frac{e^{x^2}-1}{e^{x^2}-1+x^2e^{x^2}}$

$$=\lim_{x\to 0}\frac{e^{x^2}\cdot 2x}{2xe^{x^2}+2xe^{x^2}+x^2e^{x^2}\cdot 2x}=\lim_{x\to 0}\frac{e^{x^2}}{e^{x^2}+e^{x^2}+x^2e^{x^2}}=\frac{1}{2}$$

5. **解** 求交点 $\begin{cases} y = x^2 \\ y = x \end{cases}$，得 $(0,0)$，$(1,1)$；$\begin{cases} y = x^2 \\ y = ax \end{cases}$，得 $(0,0)$，(a,a^2). 所围平面图形的面积为

$$S = \int_0^1 (ax - x)\, dx + \int_1^a (ax - x^2)\, dx$$

$$= \frac{a-1}{2}x^2 \Big|_0^1 + \frac{a}{2}x^2 \Big|_1^a - \frac{x^3}{3}\Big|_1^a$$

$$= \frac{a-1}{2} + \frac{a^3}{2} - \frac{a}{2} - \frac{a^3}{3} + \frac{1}{3}$$

$$= \frac{1}{6}(a^3 - 1) = \frac{7}{6}$$

所以 $a = 2$.

6. **解** $dz = \dfrac{\partial z}{\partial x}dx + \dfrac{\partial z}{\partial y}dy = \dfrac{1}{1+\left(\dfrac{y}{x}\right)^2} \cdot \left(-\dfrac{y}{x^2}\right)dx + \dfrac{1}{1+\left(\dfrac{y}{x}\right)^2} \cdot \left(\dfrac{1}{x}\right)dy$

$$= \frac{-y}{x^2+y^2}dx + \frac{x}{x^2+y^2}dy$$

7. **解** 因为 $\int f(x)\, dx = \dfrac{\sin x}{1 + x\sin x} + c$，所以

$$f(x) = \left(\frac{\sin x}{1+x\sin x}\right)' = \frac{\cos x(1+x\sin x) - \sin x(\sin x + x\cos x)}{(1+x\sin x)^2} = \frac{\cos x - \sin^2 x}{(1+x\sin x)^2}$$

则

$$\int f(x)f'(x)dx = \int f(x)df(x) = \frac{f^2(x)}{2} + c = \frac{(\cos x - \sin^2 x)^2}{2(1+x\sin x)^4} + c$$

会计学专业专升本模拟试卷

高等数学（50分）

一、选择题（本大题共 10 小题，每小题 1 分，共 10 分. 在每小题给出的四个备选项中，选出一个正确答案，并将所选项前的字母填写在相应题目的括号内，填写在其他位置上无效）

1. 已知函数 $f(x)$ 的定义域是 $[-1,1]$，则 $f(x-1)$ 的定义域为（　　）.

  A．$[-1,1]$　　　　B．$[0,2]$　　　　C．$[0,1]$　　　　D．$[1,2]$

2. 已知函数 $f(x)=\dfrac{|x|}{x}$，则 $\lim\limits_{x\to 0} f(x)=$（　　）.

  A．1　　　　B．-1　　　　C．0　　　　D．不存在

3. 下列等式中正确的是（　　）.

  A．$\lim\limits_{x\to\infty}\dfrac{\sin x}{x}=1$ 　　　　　　B．$\lim\limits_{x\to\infty} x\sin\dfrac{1}{x}=1$

  C．$\lim\limits_{x\to 0} x\sin\dfrac{1}{x}=1$ 　　　　　　D．$\lim\limits_{x\to\infty}\dfrac{\sin\dfrac{1}{x}}{x}=1$

4. 已知函数 $f(x)$ 在点 x_0 处可导，则 $\lim\limits_{\Delta x\to 0}\dfrac{f(x_0-2\Delta x)-f(x_0)}{\Delta x}=$（　　）.

  A．$-2f'(x_0)$　　B．$2f'(-x_0)$　　C．$2f'(x_0)$　　D．不存在

5. 设函数 $f(x)=x\sin x$，则 $f'\left(\dfrac{\pi}{2}\right)=$（　　）.

  A．0　　　　B．-1　　　　C．1　　　　D．$\dfrac{\pi}{2}$

6. 不定积分 $\displaystyle\int\dfrac{\ln x}{x}\,\mathrm{d}x=$（　　）.

  A．$-\dfrac{1}{2}\ln^2 x+c$　　B．$-\ln x+c$　　C．$\dfrac{1}{2}\ln^2 x+c$　　D．$\ln x+c$

7. 已知 $y=\displaystyle\int_0^x \cos t^2\,\mathrm{d}t$，则 $\mathrm{d}y=$（　　）.

  A．$2x\cos x^2\mathrm{d}x$　　B．$\cos x^2\mathrm{d}x$　　C．$\cos^2 x\mathrm{d}x$　　D．$\cos x\mathrm{d}x$

8. 设二元函数 $z=\mathrm{e}^{xy}+xy$，则 $\left.\dfrac{\partial z}{\partial x}\right|_{(1,2)}=$（　　）.

  A．e^2+1　　B．$2\mathrm{e}^2+2$　　C．$\mathrm{e}+1$　　D．$2\mathrm{e}+1$

9. 下列级数中收敛的级数是（　　）.

  A．$\displaystyle\sum_{n=1}^{\infty}\dfrac{1}{n+1}$　　B．$\displaystyle\sum_{n=1}^{\infty}\dfrac{1}{3^n}$　　C．$\displaystyle\sum_{n=1}^{\infty}\dfrac{3^n}{2^n}$　　D．$\displaystyle\sum_{n=1}^{\infty}\dfrac{1}{\sqrt{n+1}}$

10. 微分方程 $y' = 2xy$ 的通解是 $y = ($　　　$)$.

    A. ce^{x^2} B. $e^{x^2} + c$ C. $x^2 + c$ D. $e^x + c$

二、填空题（本大题共 10 分，每小题 1 分，共 10 分. 将答案填写在相应题目的横线位置上，填写在其他位置上无效）

1. 函数 $f(x) = e^x$，$g(x) = \sin x$，则 $f[g(x)] = $ ＿＿＿＿＿＿＿＿.

2. $\lim\limits_{x \to +\infty}(\sqrt{x+1} - \sqrt{x}) = $ ＿＿＿＿＿＿＿＿.

3. $\lim\limits_{n \to \infty}\left(1 + \dfrac{1}{2n}\right)^n = $ ＿＿＿＿＿＿＿＿.

4. 设 $f(x) = \begin{cases} x\cos x, & x > 0 \\ a + x^2, & x \leqslant 0 \end{cases}$，当 $a = $ ＿＿＿＿＿＿ 时，$f(x)$ 在 $(-\infty, +\infty)$ 内连续.

5. 曲线 $y = \ln x$ 在点 ＿＿＿＿＿＿＿＿ 处的切线平行于直线 $y = 2x - 3$.

6. 函数 $y = 1 - x^2$ 在 $[-1, 3]$ 上满足拉格朗日中值公式的点 ξ 等于 ＿＿＿＿＿＿＿＿.

7. 若函数 $f(x)$ 在点 x_0 处取得极值，且 $f'(x_0)$ 存在，则 $f'(x_0) = $ ＿＿＿＿＿＿＿＿.

8. $\int_{-1}^{1}[(x^8 + 1)\sin x + x^2]\,\mathrm{d}x = $ ＿＿＿＿＿＿＿＿.

9. 幂级数 $\sum\limits_{n=0}^{\infty} \dfrac{(x+1)^n}{(n+1)2^n}$ 的收敛半径是 ＿＿＿＿＿＿＿＿.

10. 已知 $f(x) = x(x+1)(x+2)\cdots(x+100)$，则 $f'(0) = $ ＿＿＿＿＿＿＿＿.

三、计算题（共 7 小题，共 30 分）

1.（4 分）设 $f(x) = \begin{cases} xe^{-x}, & x \leqslant 0 \\ 3x^2, & 0 < x < 1 \end{cases}$，求 $\int_{-3}^{1} f(x)\,\mathrm{d}x$.

2.（4 分）某工厂每月生产某种商品的个数 x 与需要的总费用的函数关系为 $10 + 2x + \dfrac{x^2}{4}$（费用单位：万元）. 若将这些商品以每个 9 万元售出，问每月生产多少个商品时利润最大？最大利润是多少？

3.（4 分）求微分方程 $y' + 2xy = xe^{-x^2}$ 满足初始条件 $y|_{x=0} = 1$ 的特解.

4.（4 分）求极限 $\lim\limits_{x \to 0} \dfrac{\displaystyle\int_0^{x^2} t^{\frac{3}{2}}\,\mathrm{d}t}{\displaystyle\int_0^{x} t(t - \sin t)\,\mathrm{d}t}$.

5.（4 分）已知直线 $x = a$ 将抛物线 $x = y^2$ 与直线 $x = 1$ 围成的平面图形分成面积相等的两部分，求 a 的值.

6.（5 分）讨论 $y = xe^{-x}$ 的增减性、凹向、极值、拐点.

7.（5 分）已知 $f(x)$ 的一个原函数为 $(1 + \sin x)\ln x$，求 $\int xf'(x)\,\mathrm{d}x$.

会计学专业专升本模拟试卷参考答案

一、选择题

1．B 2．D 3．B 4．A 5．C 6．C 7．B 8．B 9．B 10．A

二、填空题

1．$e^{\sin x}$ 2．0 3．$e^{\frac{1}{2}}$ 4．0 5．$\left(\dfrac{1}{2}, -\ln 2\right)$ 6．1 7．0 8．$\dfrac{2}{3}$ 9．2 10．100!

三、计算题

1．**解**
$$\int_{-3}^{1} f(x)\,dx = \int_{-3}^{0} x e^{-x}\,dx + \int_{0}^{1} 3x^2\,dx = -\int_{-3}^{0} x\,de^{-x} + x^3 \Big|_{0}^{1}$$
$$= -x e^{-x}\Big|_{-3}^{0} + \int_{-3}^{0} e^{-x}\,dx + 1 = -3e^3 + (-e^{-x})\Big|_{-3}^{0} + 1$$
$$= -3e^3 - e^0 + e^3 + 1 = -2e^3$$

2．**解** 设每月商品利润为 y，则 $y = 9x - \left(10 + 2x + \dfrac{x^2}{4}\right) = -\dfrac{x^2}{4} + 7x - 10$．

而 $y' = -\dfrac{x}{2} + 7$，令 $y' = 0$，得驻点 $x = 14$．又 $y'' = -\dfrac{1}{2} < 0$，则当 $x = 14$ 时函数取得极大值，此唯一极大值为利润的最大值，$y\big|_{x=14} = 39$（万元）．

故每月生产 14 个商品时利润最大，最大利润是 39 万元．

3．**解** 微分方程 $y' + 2xy = x e^{-x^2}$ 为一阶线性微分方程，$P(x) = 2x$，$Q(x) = x e^{-x^2}$，则方程的通解为

$$y = e^{-\int P(x)\,dx}\left(\int Q(x) e^{\int P(x)\,dx}\,dx + c\right)$$
$$= e^{-\int 2x\,dx}\left(\int x e^{-x^2} e^{\int 2x\,dx}\,dx + c\right)$$
$$= e^{-x^2}\left(\int x e^{-x^2} e^{x^2}\,dx + c\right)$$
$$= e^{-x^2}\left(\int x\,dx + c\right)$$
$$= e^{-x^2}\left(\dfrac{x^2}{2} + c\right)$$

将 $y\big|_{x=0} = 1$ 代入通解中，$e^0(0 + c) = 1$，得 $c = 1$．

故原方程的特解为 $y = \dfrac{x^2}{2} e^{-x^2} + e^{-x^2}$．

4．**解**
$$\lim_{x \to 0} \frac{\int_0^{x^2} t^{\frac{3}{2}}\,dt}{\int_0^x t(t - \sin t)\,dt} = \lim_{x \to 0} \frac{x^{2 \cdot \frac{3}{2}} \cdot 2x}{x(x - \sin x)} = \lim_{x \to 0} \frac{2x^3}{x - \sin x}$$

$$= \lim_{x \to 0} \frac{6x^2}{1 - \cos x} = \lim_{x \to 0} \frac{12x}{\sin x} = 12$$

5．**解**　求交点 $\begin{cases} x = y^2 \\ x = 1 \end{cases}$，得 $(1,1)$，$(1,-1)$，则

$$\int_0^a (\sqrt{x} + \sqrt{x})\, dx = \int_a^1 (\sqrt{x} + \sqrt{x})\, dx$$

$$2 \cdot \frac{2}{3} x^{\frac{3}{2}} \Big|_0^a = 2 \cdot \frac{2}{3} x^{\frac{3}{2}} \Big|_a^1$$

得 $a^{\frac{3}{2}} = 1 - a^{\frac{3}{2}}$，即 $2a^{\frac{3}{2}} = 1$，所以 $a = \left(\frac{1}{2}\right)^{\frac{2}{3}} = \sqrt[3]{\frac{1}{4}}$．

6．**解**　① 函数 $y = x\mathrm{e}^{-x}$ 的定义域为 $(-\infty, +\infty)$．

② $y' = \mathrm{e}^{-x} - x\mathrm{e}^{-x} = \mathrm{e}^{-x}(1 - x)$，$y'' = -\mathrm{e}^{-x} - \mathrm{e}^{-x} + x\mathrm{e}^{-x} = \mathrm{e}^{-x}(x - 2)$

令 $y' = 0$，得驻点 $x = 1$，令 $y'' = 0$，得 $x = 2$．

用 $x = 1$，$x = 2$ 将定义域划分成部分区域：

x	$(-\infty, 1)$	1	$(1, 2)$	2	$(2, +\infty)$
y'	+	0	−	−	−
y''	−	−	−	0	+
y	↗∩	极大值	↘∩	拐点	↘∪

故 $f(1) = \mathrm{e}^{-1}$ 为函数的极大值，而 $f(2) = 2\mathrm{e}^{-2}$，所以 $(2, 2\mathrm{e}^{-2})$ 为函数的拐点，函数在 $(-\infty, 1)$ 内单调增加，在 $(1, +\infty)$ 内单调减少，在 $(-\infty, 2)$ 内下凹，在 $(2, +\infty)$ 内上凹．

7．**解**　因为 $\int f(x)\, dx = (1 + \sin x)\ln x + c$，所以

$$f(x) = \left((1 + \sin x)\ln x\right)' = \cos x \ln x + (1 + \sin x)\frac{1}{x}$$

则

$$\int x f'(x)\, dx = \int x\, df(x) = x f(x) - \int f(x)\, dx$$
$$= x \cos x \ln x + 1 + \sin x - (1 + \sin x)\ln x + c$$
$$= x \cos x \ln x + 1 + \sin x - \ln x - \sin x \ln x + c$$

参 考 文 献

［1］于桂萍. 高等数学［M］. 北京：北京大学出版社，2006.

［2］侯风波，蔡谋全. 经济数学［M］. 沈阳：辽宁大学出版社，2006.

［3］同济大学. 高等数学［M］. 北京：高等教育出版社，2005.

［4］山东省专升本命题研究组. 高等数学学习与考试指导［M］. 东营：中国石油大学出版社，2006.